ISOハンドブック
マネジメントシステム規格の統合利用
[IUMSS]

ISO 編著
平林　良人　監訳

日本規格協会

ISO
HANDBOOK
The Integrated Use of
Management System Standards
[IUMSS]

COPYRIGHT PROTECTED DOCUMENT

© ISO 2018

All rights reserved. Unless otherwise specified, or required in the context of its implementation, no part of this publication may be reproduced or utilized otherwise in any form or by any means, electronic or mechanical, including photocopying, or posting on the internet or an intranet, without prior written permission. Permission can be requested from either ISO at the address below or ISO's member body in the country of the requester.

  ISO copyright office

  CP 401 · Ch. de Blandonnet 8

  CH–1214 Vernier, Geneva

  Phone: +41 22 749 01 11

  Fax: +41 22 749 09 47

  Email: copyright@iso.org

  Website: www.iso.org

Published in Switzerland

本書は，当会と ISO との間で締結した翻訳協定に基づいて当会が翻訳・発行するものです．本書に収録した『ISO HANDBOOK The Integrated Use of Management System Standards (IUMSS)』の日本語訳は著作権法により保護されています．本書の一部又は全部について，当会及び ISO の許可なしに引用，転載，複製等，著作権法に抵触する一切の利用を固く禁じます．

　本書に収録した『ISO HANDBOOK The Integrated Use of Management System Standards (IUMSS)』の日本語訳に疑義があるときは原文に準拠してください．日本語訳のみを使用して生じた不都合な事態に関して当会及び ISO は一切の責任を負いません．原文のみが有効です．

目　　次

監訳にあたって―本ハンドブックの意図とポイント― ……………………… 7

　1．"integrated" の意味 …………………………………………………… 8

　2．"integrated" の意味する内容の変遷 ………………………………… 10

　3．組織内の単一のマネジメントシステム ……………………………… 15

　4．ISO 45001 及び ISO 14001 規格要求事項の事業プロセスへの統合 …… 21

まえがき ……………………………………………………………………… 25

序文 …………………………………………………………………………… 25

　一般 ………………………………………………………………………… 25

　本ハンドブックの構成 …………………………………………………… 26

　本ハンドブックをどのように使うのか？ ……………………………… 27

第 1 章　マネジメントシステム …………………………………………… 29

1.1　マネジメントシステムの特徴 ………………………………………… 30

1.2　組織の状況，リスク及び機会 ………………………………………… 34

1.3　マネジメントシステムの構成要素 …………………………………… 38

　1.3.1　目標 …………………………………………………………………… 38

　1.3.2　プロセス ……………………………………………………………… 41

　1.3.3　組織構造及び資源 …………………………………………………… 45

　1.3.4　パフォーマンスフィードバック …………………………………… 49

1.4　マネジメントシステム構成要素の関係の理解 ……………………… 52

　1.4.1　システムアプローチの理解 ………………………………………… 52

　1.4.2　システムアプローチの確立 ………………………………………… 56

第2章 マネジメントシステム規格 ································ 59

2.1 マネジメントシステム規格の目的及び目標 ················ 61

2.2 マネジメントシステム規格の使用及びニーズ ·············· 64

2.3 マネジメントシステム規格の要求事項の適用 ·············· 67

  2.3.1 マネジメントシステム規格の要求事項と組織のマネジメント
システムとの関係 ······································· 67

  2.3.2 マネジメントシステム規格の要求事項の実施 ············ 69

第3章 マネジメントシステムへのマネジメントシステム規格の
要求事項の統合 ·· 73

3.1 統合を率先する ·· 77

3.2 統合範囲を決定する ·· 82

3.3 統合を計画する ·· 86

3.4 マネジメントシステム規格の要求事項と組織のマネジメント
システムを結びつける ······································ 90

  3.4.1 マネジメントシステムを構築する ····················· 90

  3.4.2 マネジメントシステム規格の要求事項を体系化する ······ 94

  3.4.3 マネジメントシステムに対するマネジメントシステム規格の
要求事項をマップする ······························· 98

3.5 組織のマネジメントシステムにマネジメントシステム規格の要求
事項を組み込む ·· 104

  3.5.1 ギャップを特定し，分析する ························· 104

  3.5.2 ギャップを解消する ································· 109

  3.5.3 ギャップの解消を確認する ··························· 113

3.6 統合を維持し，改善する ···································· 116

3.7 組織で学んだ教訓を適用する ································ 120

附属書 A　ケーススタディ─パン職人のジム ……………………… 125

A.1.1　マネジメントシステムの特徴 …………………………………… 125

A.1.2　組織の状況，リスク及び機会 …………………………………… 125

A.1.3　マネジメントシステムの構成要素 ……………………………… 126

　A.1.3.1　目標 ………………………………………………………… 126

　A.1.3.2　プロセス …………………………………………………… 127

　A.1.3.3　組織構造及び資源 ………………………………………… 129

　A.1.3.4　パフォーマンスフィードバック ………………………… 130

A.1.4　マネジメントシステム構成要素の関係の理解 ………………… 130

　A.1.4.1　システムアプローチの理解 …………………………… 130

　A.1.4.2　システムアプローチの確立 …………………………… 132

A.2.1　マネジメントシステム規格の目的及び目標 …………………… 133

A.2.2　マネジメントシステム規格の使用及びニーズ ………………… 134

A.2.3　マネジメントシステム規格の要求事項の適用 ………………… 134

　A.2.3.1　マネジメントシステム規格の要求事項と組織のマネジメント
　　　　　　システムとの関係 ……………………………………… 134

　A.2.3.2　マネジメントシステム規格の要求事項の実施 ………… 135

A.3.1　統合を率先する ……………………………………………… 136

A.3.2　統合範囲を決定する ………………………………………… 136

A.3.3　統合を計画する ……………………………………………… 137

A.3.4　マネジメントシステム規格の要求事項と組織のマネジメント
　　　　システムを結びつける ……………………………………… 138

　A.3.4.1　マネジメントシステムを構築する ……………………… 138

　A.3.4.2　マネジメントシステム規格の要求事項を体系化する ……… 139

　A.3.4.3　マネジメントシステムに対するマネジメントシステム規格の
　　　　　　要求事項をマップする ………………………………… 139

A.3.5　組織のマネジメントシステムにマネジメントシステム規格の要求
　　　　事項を組み込む ……………………………………………… 141

6

A.3.5.1　ギャップを特定し，分析する ……………………………… 141

A.3.5.2　ギャップを解消する ………………………………………… 143

A.3.5.3　ギャップの解消を確認する …………………………………… 145

A.3.6　統合を維持し，改善する ………………………………………… 145

A.3.7　組織で学んだ教訓を適用する …………………………………… 146

附属書 B　調査回答の図表 …………………………………………… 147

監訳を終えて ………………………………………………………… 173

監訳にあたって
―本ハンドブックの意図とポイント―

　本ハンドブックのタイトルである "The Integrated Use of Management System Standards（IUMSS）" の "Integrated"（統合された）は，本ハンドブックのキーワードである．マネジメントシステム規格を取り巻く世界には多くの利害関係者がいるが，従来，"integrated"（統合された）は，利害関係者ごとに多様な意味に使われてきた．例えば，"integrated" の意味を，マネジメントシステム規格を作る人は "複数のマネジメントシステム規格同士の構造，定義及び文章の共通化" の意味で使っていた．ある企業の人は "マネジメントシステム規格要求事項と組織の規定文書との整合" の意味で使っていた．認証組織の人は "ISO 9001（Quality）と ISO 14001（Environment）の審査を同時に行う" 意味で使っていた．これらは，いずれも二つの "A と B をいっしょにする" という意味で使っている．

　本ハンドブックを監訳するにあたって，一番注意を払ったのは，この "integrated" の使い方である．本ハンドブックが ISO 発行のマネジメントシステム規格の普及を狙っていることは当然であるが，ISO を超えて企業に課せられているさまざまな規制，要求も対象にして，"Integrated Use" をガイドしているのは，より広い視野から企業の持続的発展を成功に導きたいとの ISO の目的からであろう．

　本ハンドブックは，ISO マネジメントシステム規格を中心に，かつ非 ISO 規格（non-ISO standards）[1] の要求にも焦点を当てて，"Management System Standards"（MSS）を効果的に活用することを目的としている．ここでは "integrated" を中心に，本ハンドブックの意図についてそのポイントを解説したい．

　なお，本ハンドブックの本文（第 1 章から第 3 章）には，英語圏やスペイン語圏の企業による資料（事例）が掲載されているが，著作権や商標登録など

8 　　　　　　　　　監訳にあたって

の権利関係から，それらの図表を翻訳していないことをご了承いただきたい．

1．"integrated" の意味

　本ハンドブックでは，"integrated" を "組織内の単一のマネジメントシステムに複数のマネジメントシステム規格要求事項を統合する．" という意味で使っている．この文中にある，"組織内の単一のマネジメントシステム" とは何か，"複数のマネジメントシステム規格" には非 ISO 規格も含まれることなどついては，本ハンドブックのまえがきや序文，附属書 B の Q12 を読んでいただくとよい．しかし，いくつかの章のテーマにおいては，"integrated" の意味が異なって読み取れる．

　本ハンドブックの第 2 章で扱っている複数のマネジメントシステム規格，例えば，ISO 9001 と ISO 14001 の要求事項が登場する場面では，両規格の "整合" の意味に使われている．また，附属書 B の Q34 には "the integrated or multiple system audits" という表現があり，ここでは，認証機関が ISO 9001 と ISO 14001 を "統合審査" するという意味で使っている（本ハンドブックの "2.2 マネジメントシステム規格の使用及びニーズ" の "ガイドとなる質問"，64 ページを参照）．

　ISO/IEC 17021-1 （JIS Q 17021-1）[*2] の "3.4 certification audit （認証審査）" の注記には，次の記載がある（注　ここでの下線は監訳者による）．

[*1] 本ハンドブックの附属書 B の Q12，Part 2 （155 ページ）に詳しく掲載されている．各国の法律であったり，業界規格であったり，顧客からの特別な基準であったり，実に多様な組織への要求を意味している．Q12 の一部を次に示す．
　・FDA 品質システム要求事項（QSR）
　・適正製造規範（GMP），労働安全衛生マネジメントシステム　　　・SART
　・INEN NORMS（エクアドル国家標準）　　・MAURITAS Act 1998
　・CE マーキング等の建設業に適用される規定及び規制　　　・建築法，環境法，安全法
　・RESOLUCION 513　　　・ISPS，AEOS　　　・製品の電気安全・建築基準等
　・香港法　　・国の権限付与に関する大臣指令　　　・INEN 1108 飲料水基準
　・飲料水国家規格／環境規制／OHS 規制
[*2] ISO 及び IEC が共同で開発した第三者審査登録制度において，認証機関が従うべき手順を規定した国際規格

1. "integrated" の意味

"Note 6 to entry：An integrated audit is when a client has integrated the application of requirements of two or more management systems standards into a single management system and is being audited against more than one standard."

"注記6　統合審査とは，二つ以上のマネジメントシステム規格の要求事項を単一のマネジメントシステムに統合して適用した依頼者を，二つ以上の規格に関して審査する場合をいう."

ここでは，第三者審査登録制度における認証審査の種類の一つに統合審査があることを説明している．本ハンドブックにかかわる "integrated" は "audit" と結びつき，"integrated audit：統合審査" となっていることに注目してほしい．統合審査については，この方式で審査を受けると審査費用が安価になるという組織への恩恵があり，この言葉は過去 20 年にわたり，審査登録制度の多くの場面で聞かれてきたものである．このことは，本ハンドブックの附属書 B の Q34 でも扱われている．

ここで，ISO/IEC 17021-1 の注記 6 の解釈を確認しておきたい．"…二つ以上のマネジメントシステム規格の要求事項を単一のマネジメントシステムに統合して…" という文中にある "統合して" の意味は，二つのもの，例えば，A と B をいっしょにすることである．何が A であり，何が B であるかを明確にする必要がある．A は "二つ以上のマネジメントシステム規格の要求事項" であり，B は "単一のマネジメントシステム" である．

"単一のマネジメントシステム" とは，"組織内にあるマネジメントシステム（事業推進のシステム）" の意味ともとれるし，"A の二つ以上を一つにしたもの" の意味ともとれる．

しかし，ここで強調したいのは，後者の "A の二つ以上を一つにしたもの" とする解釈は，"異なる対象を扱っている二つ以上の規格を一つにすることは部分的にしかできない" ということである．

本ハンドブックは "IMS：Integrated Management System" と呼ばれていた語句を本ハンドブックの 2008 年版から "Integrated Use"（統合的な活用）

と変えていることに注目してほしい．何と何を統合するのかということに，従来よりも焦点を絞って，統合の意味を "組織内の単一のマネジメントシステムに複数のマネジメントシステム規格の要求事項を統合する" ことに置いている．かといって，従来の統合の意味を否定してはおらず，時折その他の意味でも使っている．

2. "integrated" の意味する内容の変遷

"integrated" の意味する内容は，本ハンドブックに至るまで 25 年にわたる変遷があったので，ここにその概要を解説する．

(1) BS/PD 3542-95 Standards and Quality Management—*An Integrated Approach*（規格類と品質マネジメント—統合的手法）: 1995 年

BSI から発行された本ハンドブックの初版には，"Integrated Approach" という語句が使われており，その "4.2.3 Integrated Management System（統合マネジメントシステム）" の章には，次のような記載がある．

"株主総会は，財務内容と株主の要求に限定されるわけではない．株主総会には，環境グループ，消費者協会，銀行，保険業者及び年金基金の会員などが参加し，情報と行動を要求することがあり得る．経済，品質，労働安全衛生，環境及び社会的責任に関する期待が増大している．経営にはシステムと文書化の統合を要求する三つの側面（facets）がある．それは，品質マネジメントシステム，環境マネジメントシステム及び労働安全衛生マネジメントシステムである．

規格はビジネスマネジメントの中心的要素であり，特に，類似のシステムを合理的なものにする場合はそうである．過去の 10 年には，品質マネジメントの認識が増大し，ISO 9001 認証登録の拡大がみられた．次の 10 年は，環境及び安全衛生規格の同様な爆発的拡大を予想することができる．環境規格及び安全衛生規格は，品質規格とは異なる成果を要求する

が，その達成には同様な指針，文書化が必要とされる．"

　BSI は，1996 年の ISO 14001 の発行を控え，当時隆盛を極めた ISO 9001 の環境版（ISO 14001）への期待，及び労働安全衛生規格発行への見通しなどから，マネジメントシステム規格についての統合的手法についての指針を発行した．

　労働安全衛生規格は，実際には 25 年後の 2018 年の発行まで ILO との対立で時間がかかることになるが，当時は 1996 年に，BS 8800（労働安全衛生マネジメントシステム規格）が発行され，産業界からは類似の構造をもつマネジメントシステム規格の増殖への批判が出始めていた．

　産業界から出てきた批判とは，規格要求事項の重複への批判であり，方針，目標，文書，内部監査及びマネジメントレビューなどに関して，規格ごとに内容，趣旨は同じであるにもかかわらず，表現の仕方，順序，構文などが若干異なり，ユーザーとして使いづらいというものであった．

　当時の ISO 技術専門委員会は，テーマごとに専門家を世界各国から集め，独立した議論をする構造になっていたことから，そこからのアウトプットは類似のものであるにもかかわらず，できあがった規格は表現が少し異なるというものであった．

　ISO 技術専門委員会の構造に問題があったが，歴史的に踏襲されてきたメカニズムを変更しようとする機運は，当時にはまだなかった．

(2)　Integrated Management Systems Series：2001 年

　BSI から『Integrated Management Systems Series IMS：The Framework』と『Integrated Management Systems Series IMS：Implementing and Operating』という 2 冊が出版された．

　この 2 冊の著者である Mr. David Smith は，BSI の環境及び OHS のコンサルタントであり，2018 年に制定された ISO 45001 のプロジェクト委員会 PC 283（当時．現在は TC 283 に移行）の委員長を務めた人でもある．同書が出版された時期は，ちょうど ISO 9001 の後，ISO 14001 が制定され，さらに

OHS に関する ISO 技術専門委員会が設立されるかもしれないというころである．実際には，その後，ISO と ILO の確執のため，ISO 45001 の制定は 18 年後になるが，当時はこの三つのマネジメントシステムを組織にどのように導入するのかということが一つの大きな課題となっていた．

本ハンドブックではまず，"すべての組織にはマネジメントシステムがある．"としている．それが組織として正式化してあるかどうかは問わないが，"手順書が存在し，プロセスがあるならば，それは組織のマネジメントシステムである．"と主張している．この考えは現在に至るまで，統合に関して一般的に受け入れられている考えである．

ISO からは品質，環境そして労働安全衛生などのマネジメントシステム規格が発行されているが，規格同士の要求事項の統合は本ハンドブックでは解説されていない．他にもリスク，苦情処理，プロジェクトマネジメント，情報セキュリティなどのマネジメントシステム規格があるが，それらを組織に以前からあるマネジメントシステムに統合することを対象にしている．

"統合マネジメントシステムとは何か"とは，先の『IMS：The Framework』の最初に出てくるが，明確に定義されているわけではない．さらに，『IMS：Implementing and Operating』では，統合マネジメントシステム構築を次の 12 のステップで解説しているが，チェックリストなどを示していることで終わり，統合する方法にはあまり触れられていない．

① 事業ニーズの明確化
② 方針とその展開
③ プロセスの明確化
④ 事業リスクとその状況の明確化
⑤ 状況の重要度
⑥ 目標の決定
⑦ 要求事項と現状のギャップ分析，実行計画書の作成
⑧ 実　施
⑨ 運　用

⑩　パフォーマンス評価の監視

⑪　改　善

⑫　マネジメントレビュー

(3)　Generic Management System 研究会：2002 年

　我が国に，GMS（Generic Management System：統合マネジメントシステム）に関する研究会が組織された．日本規格協会が吉澤正先生（故人，筑波大学名誉教授）に委員長を委嘱して立ち上げた研究会で，統合という意味に"Generic" という英語をあてているが，"generic" には，"包括的" という意味があり，当時日本では，"integrated" ではなく "generic" と呼んでいた．

　メンバーは次のとおりである（敬称略，所属等は当時）．

委員長	吉澤　　正	（筑波大学）
委　員	井口　新一	（日本適合性認定協会）
	斎藤　喜孝	（AJA 認証機関）
	平林　良人	（テクノファ研修機関）
事務局	吉村　秀勇	
	岡本　　裕	
	太田　　潤	

　この研究会は，日本規格協会の単年度自主事業として開催され，2002 年度末には研究会の活動は終了した．報告書によると，研究会の目的は "複数のマネジメントシステム構築における作業の効率化，規定事項の標準化を研究する" となっている．当時，QMS，EMS，OHSMS，RMS については，認証のためのガイド規格が個別に制定されていた．しかし，"ISO Guide 72，マネジメントシステム規格の作成に関する指針" は，各種マネジメントシステム規格は個別に見えるが，実は "マネジメントシステム規格の共通要素" が多くあるとして，共通性を明確にしていた．研究会では，マネジメントシステムの共通要素を個別マネジメントシステム規格の構築，運用にどのように活用するべきかを研究した．この研究会でまとめられた知見は次のとおりである．

1. GMS（統合マネジメントシステム）の定義

　"複数の認証規格の要求事項を満足するシステム" 又は "その組織にあるマネジメントシステムに加えて，認証規格の要求事項を満足するマネジメントシステム"

2. 方針，マニュアル，手順書の統合がキーである．

3. メリットとして，組織の効率向上があげられる．

4. マネジメントシステム規格同士の要求事項の相違を分析しても意味がない．

5. マネジメントシステムの要素を共通部分と専門分野に区分する．

　共通部分の業務を管理する部署を統合化することがよい．例えば，組織に品質管理課，環境管理課，安全管理課等のいくつもの管理部署を作らないことである．一つだけ，例えば，マネジメントシステム課と称される部署があればよい．あるいは，現在ある部署，例えば，企画室の担当職務とすればよい．共通部分は組織のインフラにあたる部分であって，それ自身は利益を生み出さないから，できるだけ小さくしておくことがよい．管理体制が一つにまとまると，管理に用いられる文書も必然的に一つのものになっていく．

　研究会では，"integrated" は，"組織にあるマネジメントシステムに加えて，認証規格の要求事項を満足する." という意味に落ち着いた．

（4）**The integrated use of management system standards：2008 年**

　ISO から出版された，本ハンドブックの前身となるハンドブックである．この 2008 年版から，そのタイトルは "統合マネジメントシステム" ではなく，"マネジメントシステム規格の統合的な活用" に変わっている．しかも，マネジメントシステム規格には ISO 規格だけでなく，非 ISO 規格も解説の対象にしている．非 ISO 規格とは，組織が守るべき顧客からの要求であったり，業界規格，あるいは法律であったりする（本ハンドブックのまえがきを参照）．

　この 2008 年版には，本ハンドブックの事例 "Jim the Baker"（パン職人の

ジム）が登場している．しかし，2008 年版では，ISO マネジメントシステム
規格同士の違いについての説明が多く，肝心の組織に従来からあるマネジメン
トシステムとのつながりについては解説するところが少ない．2008 年にはま
だ附属書 SL [*3]（共通テキスト）は制定されておらず，どうしても規格同士の
整合性の解説をする結果になったことは理解できる．2008 年版の原書には，
付録として世界 15 社の統合マネジメントシステムの概要を収録した CD が付
いている．

3. 組織内の単一のマネジメントシステム

　本ハンドブックの序文には，"組織内の単一のマネジメントシステム"とい
う語句が出てくるが，あらためて，マネジメントシステムの定義を見てみよ
う．2012 年に ISO から附属書 L（共通テキスト）（本ハンドブックのまえが
き及び第 1 章の概要を参照）が発行されたが，共通テキストの箇条 3.4 には，
次のように"マネジメントシステム"が定義されている．

　　"set of interrelated or interacting elements of an organization to establish
　　policies and objectives and processes to achieve those objectives"
　　"方針，目的及びその目的を達成するためのプロセスを確立するための，
　　相互に関連する又は相互に作用する，組織の一連の要素"

　どんな組織も一つのまとまりとして捉えることができ，マネジメントシステ
ムとは呼んでいなくても，その中には組織の目的，性質，製品，規模，所在等
から派生する独自の仕組みがある．数人で始まった事業が拡大し，人が多く
集まるようになると役割分担が決まり，それを管理する業務が必要になってく
る．このことを具体的に説明しているのが，本ハンドブックの附属書 A に登
場する"パン職人のジム"である．

　このジムのパン屋の設定は，2008 年版から引き継がれている小規模組織の

[*3] ISO/IEC Directives，Part 1（ISO/IEC 専門業務用指針，第 1 部）：ISO 及び IEC におけ
　　る国際規格作成の際に従うべき業務手順．付録部分にマネジメントシステム規格の共通
　　文書（附属書 SL）が規定された．なお，2019 年 5 月に附属書 SL は，附属書 L と名称
　　が変更になっている．

マネジメントシステムの例であり，"A.1.1 マネジメントシステムの特徴"から"A.3.7 組織で学んだ教訓を適用する"まで，パン屋の事例で"組織内の単一のマネジメントシステム"を理解できるように工夫されている．次がそのポイントである．

(1) "A.1.3.2 プロセス"

本ハンドブックの 1.3.2 項とあわせて読むと理解しやすい．1.3.2 項には，"実現プロセス""支援プロセス""経営プロセス"という 3 分類されたプロセスが出てくるが，A.1.3.2 項では，ジムのパン屋での実現プロセスを中心にした相互関係が描かれている．支援プロセスと経営プロセスについては，A.1.4.1 項，A.1.4.2 項において，ジムが成長するにつれて，それら二つのプロセスを明確にする様子が描かれている．

なお，第 1 章の本文中において，"実現プロセス"は，"製品・サービス実現プロセス""主要プロセス""主要事業プロセス"など，ケーススタディの企業によってさまざまな呼び方がされているが，意味は同じである．"実現プロセス"は，顧客への営業活動から，受注，企画，設計，購買，技術，製造・サービス提供，検査，顧客への納入，アフターサービスまでのプロセス，すなわち，顧客と何らかの接点がある活動を意味しているが，その構成内容は企業ごとの実態により異なる．

(2) "A.2.3.1 マネジメントシステム規格の要求事項と組織のマネジメントシステムとの関係"

この項では"ジムは自分の事業活動をマネジメントシステム規格とつなげた."という場面が出てくるが，これは本ハンドブックの 2.3.1 項の"ガイドとなる質問"に次の 3 点の質問があることと直接関係している．

・組織にとって重要なマネジメントシステム規格の要求事項とは何ですか？
・自組織に与える規格要求事項の影響とは何ですか？
・規格要求事項は自組織の効率に，どのように影響しますか？

3. 組織内の単一のマネジメントシステム　　17

　図 A.8（135 ページ）には，パン屋のマネジメントシステムと ISO 9001:
2015 とのつながりが図示され，パン屋のプロセスと ISO 9001:2015 の箇条
4 ～箇条 10 が重ね合わされて（マッピング）いるので理解しやすい．この図
A.8 は，組織のマネジメントシステムに ISO マネジメントシステム規格の要求
事項がどのように関係しているかを分析する，基本となる図であるので，よく
読んでいただきたい部分である．よく読むと，次のような疑問が出てくるかも
しれない．

　・図 A.8 中のパン屋のプロセスの図（図 A.4 に同じ）には，二つの活動の流
　　れが上下に図示され，その流れの間を往復の矢印が結んでいる．大きな流
　　れ（製パン活動の実施）は "仕入れ，焼成，販売，配送，顧客への請求と
　　勘定" である．小さな流れ（製パン活動の管理）は "製パン活動を計画す
　　る，活動の予定を組む，監督する，うまくやる" である．小さな流れに
　　は，ISO 9001:2015 の箇条 6 と箇条 10 がマッピングされているが，箇条
　　7 はマッピングされなくてよいのか？

　このような疑問は一例であるが，マッピングは統合するときの基礎となるの
で十分に検討することが必要である．もとより正解はなく，組織の考えによる
ところが大きい．

　規格要求事項のマッピングは適用可能性[*4] の観点から 2 分類できる．

　一つは，規格要求事項が明確に組織のプロセスを示している場合である．例
えば，箇条 8.3 は，明らかに設計プロセスに適用すべき要求事項を記述してい
る．同様に，箇条 8.2 は営業プロセス，箇条 8.4 は購買プロセス，箇条 8.5，
箇条 8.6，箇条 8.7 は製造プロセス（製品・サービス実現プロセス），箇条
9.2，箇条 9.3 は経営プロセス，箇条 10 は品質管理プロセス，などといえる．

　もう一つは，特定のプロセスに対してではなく，組織の "すべてのプロセ
ス" に対して要求している規格要求事項である．例えば，箇条 7 に要求され
ていることはすべてそういえる．資源，力量，認識，コミュニケーション，文

[*4] "適用可能性" は，ISO 9001:2015 の箇条 4.3 で使われる "applicability" という用語の
　　日本語訳である．

書化などは，組織のすべてのプロセスに適用可能である．しかし，経営プロセスに関与する経営者，役員，管理者の人々に，力量，認識などの要求事項を適用する必要はないかもしれない．それは組織によって考え方が異なるが，一般的には力量，認識のある人が経営プロセスを担当している．

コミュニケーションについても，コミュニケーションの悪さが品質問題の要因としてあがることが一般に多いが，それは，どことどこのプロセス，どことどこの部門，どことどこの活動のコミュニケーションの悪さかを限定するとよい．すべてのプロセスにおいて，コミュニケーションをよくする活動を行うということは，どこのプロセスでもコミュニケーションをよくする活動が行われないということになりがちである．

このように，後者に属する要求事項は，組織が特定の状況，課題，文化，風土などから規格要求事項の適用可能性を吟味することによって，より有効な組織のマネジメントシステムの構築に寄与することができる．

なお，"A.3.4.3 マネジメントシステムに対するマネジメントシステム規格の要求事項をマップする"では，ジムが複数の ISO マネジメントシステム規格をマッピングした例が記載されている．マッピングでは，図 A.10 と図 A.11 の違いを理解しておくとよい（140, 141 ページ参照）．ISO 9001 と ISO 14001 の文書に関する要求事項が図 A.10 では別になっているが，図 A.11 ではいっしょになっている．逆に，力量に関しては，図 A.10 では，ISO 14001 の箇条 7.2 しか対象に取り上げていなかったが，マッピング時に適用可能性を吟味した結果，図 A.11 では，ISO 9001 の箇条 7.2 を別に取り上げている．

(3) "A.3.5.1 ギャップを特定し，分析する"

組織の目的を，例えば"事業収益"と"社会貢献"だとすれば，その目的を効果的に達成するための方法，例えば，製品開発とか広報とか品質管理などの仕事の仕方が整備されてくる．組織を身体に例えれば，頭脳に対応する仕事と，手足に対応する仕事とに分かれてくる．同じ作業を行う人が多くなってくると，一つのチームになり，やがて係，課となっていく．組織の発展に従っ

て，機能の分化と人の管理の両面から徐々に組織の体制が作られていく．大きな組織になるほど，ギャップ分析は大変になる．

このギャップ分析は 2008 年版のハンドブックにもあったが，本ハンドブックでは内容が充実されており，製品・サービス実現プロセスだけでなく，支援プロセスにおいてもギャップ分析が必要であることが理解できる．

図 A.12 には，パン屋のマネジメントシステムと ISO 9001 及び ISO 14001 とのギャップの程度が色分けされて示されている．

・緑色（本書では ▦ ）：ギャップなし

・黄色（本書では ▨ ）：ギャップはあるが軽微

・赤色（本書では ■ ）：ギャップあり

・白色（本書では □ ）：適用不可能

この分析は，マネジメントシステム規格を統合的に活用する肝になるところである．ギャップ分析は，規格要求事項の組織への効用，影響，実効性などを考慮して，組織のどのプロセス，どの部署，どのマネジメントシステム構成要素に活用できるのか，応用するのかを分析することである．ギャップ分析を行う場合，いくつかの切り口がある．まず規格の規定の仕方に起因するギャップ分析について述べる．ISO 9001:2015 には，"考慮しなければならない" "該当する場合には，必ず" "必要に応じて" のように，組織の状況に応じて適用範囲，適用方法を考えなければならない表現が出てくる．

①　"考慮しなければならない．"

・4.3　品質マネジメントシステムの適用範囲の決定

"この適用範囲を決定するとき，組織は，次の事項を考慮しなければならない．"

a) ～ c) の 3 項目

・6.3　変更の計画

"組織は，次の事項を考慮しなければならない．"

a) ～ d) の 4 項目

・7　支援／7.1　資源／7.1.1　一般

"組織は，次の事項を考慮しなければならない."

a), b) の 2 項目

・8.3.2 設計・開発の計画

"設計・開発の段階及び管理を決定するに当たって，組織は，次の事項を考慮しなければならない."

a) 〜j) の 10 項目

・8.3.3 設計・開発へのインプット

"組織は，次の事項を考慮しなければならない."

a) 〜e) の 5 項目

・8.5.5 引渡し後の活動

"要求される引渡し後の活動の程度を決定するに当たって，組織は，次の事項を考慮しなければならない."

a) 〜e) の 5 項目

これらの"考慮しなければならない."は，組織が考慮してどのように適用するか決めるという意味で，ギャップ分析の対象となる.

② "該当する場合には，必ず"

・7.2 力量 c)

・7.5.3 文書化した情報の管理／7.5.3.2

・8.2.3 製品及びサービスに関する要求事項のレビュー／8.2.3.2

・8.6 製品及びサービスのリリース

・10.2 不適合及び是正処置／10.2.1 a)

③ "必要に応じて"

・5.2.2 品質方針の伝達 c)

・6.2 品質目標及びそれを達成するための計画策定／6.2.1 g)

・7.1.5.2 測定のトレーサビリティ

・7.5.3 文書化した情報の管理／7.5.3.2

・8.1 運用の計画及び管理

・8.3.5 設計・開発からのアウトプット c)

4. 規格要求事項の事業プロセスへの統合　　21

上記の②，③も，ギャップ分析するときに考えるべき規格要求事項である．

4. ISO 45001 及び ISO 14001 規格要求事項の事業プロセスへの統合

　共通テキストの一つの重要な規定は，附属書 L（Appendix 2）の "5.1 リーダーシップ及びコミットメント" の二つ目のビュレットにある "組織の事業プロセス（business processes）への XXX マネジメントシステム要求事項の統合を確実にする．" の一節である．たった一行の文章であるが，この意味するところはマネジメントシステム統合の本質にかかわるものである．

　箇条 5.1 には，注記に "business"（事業）の意味の説明があるが，そこには "組織の存在の目的の中核となる活動" というフレーズが使用されている．"中核となる活動" とは，組織が毎日行っている，例えば，市場調査プロセスや，商品・サービス企画プロセス，研究開発プロセス，設計プロセス，技術プロセス，製造・サービス提供プロセス，購買，品質保証プロセス，配送プロセス，クレーム対応プロセス，アフターサービスプロセスすべてが事業プロセス（business processes）である．また，直接顧客価値の創造につながらなくても，社会全般に向けての活動は，間接的には顧客の創造につながるものとして，事業プロセスといってよい．例えば，CSR（企業の社会的責任）活動に関係する活動（プロセス）もそうである．

　このように，組織にはさまざまなプロセスがあるが，ISO マネジメントシステム規格の要求事項を組織の事業のプロセスに適切に統合している（組み込んでいる）組織はそう多くはない．その背景には，プロセスが正しく把握できていないこと，プロセスの規模（大きさ）についての理解が足りないことなどがあげられる．

　これまでのマネジメントシステム規格への批判として "XXX マネジメントシステム規格の要求事項を組織に構築する場合に，二重の仕組みにしてしまっている．" "審査のためだけのシステムになっている．" "いろいろ書類で規定しても，現場では実行されていない．" などがあった．"XXX マネジメントシステム要求事項を組織マネジメントシステムに統合する" ことが，このようなこ

とをなくし，組織にマネジメントシステムの成果をもたらすことになる．

ISO HANDBOOK

The Integrated Use of Management System Standards [IUMSS]

ISO ハンドブック

マネジメントシステム規格の統合利用 [IUMSS]

まえがき

　本ハンドブックは，複数の ISO 規格の要求事項を組織のマネジメントシステムに効果的，かつ効率的に統合する方法に関するガイダンスのために，ISO 技術管理評議会の要請によって作成された．

　2008 年の本ハンドブック初版発行以来，ISO マネジメントシステム規格と非 ISO マネジメントシステム規格の両方に多くの変化があり，あらゆる種類の組織に影響を及ぼしている．これには，ISO/IEC 専門業務用指針第 1 部，箇条 SL.9 に規定されている ISO 上位構造（HLS）の導入が含まれる．本ハンドブックは，これらの変更を考慮して更新された．

　本ハンドブックに関するフィードバック又は質問は，それぞれの国家標準化団体へ行われたい．標準化団体のリストは，"www.iso.org/members.html" で確認することができる．

序　　文

一　　般

　組織は，何らかの形のマネジメントシステムを有する．マネジメントシステムが組織にとって正式であるか正式でないかは，組織の適用範囲及び状況に依存する．

　多くの組織は，発展するにつれて，利害関係者のニーズや期待の変化に合わせて，その適用範囲や活動内容を絶えず見直そうとする．

　組織の状況や適用範囲が変化するときは，事業プロセスに影響を与える要求事項を統合し，組織の目標を確実に支援する規格から学ぶ有用なきっかけとなる．

　本ハンドブックでは，複数のマネジメントシステム規格からの要求事項を組

織内の単一のマネジメントシステムに統合するプロセスの結果を"統合マネジメントシステム"と称している.

本ハンドブックを改訂するプロセスは,ボランティアによる組織が統合マネジメントシステムに関するアンケートに回答することで行われた.これらの組織は,世界中の国々の代理人である.本ハンドブックでは,このアンケートを"調査"と呼び,その結果を附属書Bに示す.

組織が直面する課題は,統合マネジメントシステムを構築する際に,組織の規模と成熟度によって異なる.

統合されたマネジメントシステムを有することによって,環境の変化があっても,持続可能なビジネスモデルの維持に役立てることができる.

本ハンドブックの構成

本ハンドブックには,図1に示すように,三つの章がある.
- ・第1章は,マネジメントシステムの基本と,組織の戦略,計画,及び運用をどのように関連付けるかについて述べている.
- ・第2章は,異なるマネジメントシステム規格の構造と内容及びそれらの適用について述べている.
- ・第3章は,複数のマネジメントシステム規格の要求事項を組織のマネジメントシステムに統合する方法を述べている.

また,本ハンドブックは次の二つの附属書がある.
- ・附属書Aは,"パン職人のジム"の事業が進化し,成長するにつれて,新たな必要事項を計画し,実施し,統合する事例を詳述している.
- ・附属書Bは,調査回答の図表について詳述している.

各章では,まず具体的なレイアウトを描き,その後に活動の道しるべを記している.

■ **ガイドとなる質問**：それぞれの章や節で扱われる主題と,その主題が組織にどのように関係するかについて,読者が考察するための質問

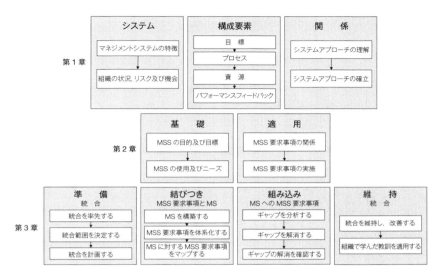

図1　各章の構成と内容

- **概観**：主題の概要を示す基礎的な要素
- **アプローチ**：主題を適用するための実用的な手引
- **事例**：さまざまな実際の組織の状況で適用される主題の説明．ケーススタディは，明確にするために編集されたものであり，例示に過ぎない．

- **パン職人のジム**：一般的な例を使った主題の説明
- **演習問題**：読者が自分自身の状況に原則と方法を適用するための質問

本ハンドブックをどのように使うのか？

　本ハンドブックは，組織がマネジメントシステム規格，すなわち，MSS（Management System Standards）及び枠組みを理解し，適用して，単一のマネジメントシステムを実施する，又は複数のマネジメントシステムを統合することを支援することを意図している．

序　文

　本ハンドブックは，読者が組織の状況及び読者が解決しようと試みている問題に応じて，読みたいと思う章から読み始められるように構成されている．例えば，すでに一つ以上のマネジメントシステム規格を使用している組織では，その組織のマネジメントシステムへの一つ以上のマネジメントシステム規格の要求事項の統合に関する手引として，第3章から読み始めてもよい．それに対して，読者の組織が一つ又は複数のマネジメントシステム規格の実施を通じて，組織のマネジメントシステムの改善し，より深く理解したい場合は，第1章又は第2章から読み始めるとよい．

　読者は，"図1　各章の構成と内容"を参考に，読み始めようとする章や節を決めることができる．

　なお，本ハンドブックは，次のようなことは**意図していない**．

- ・統合マネジメントシステムの具体的な仕組みを要求事項又は指針として提供すること
- ・ある規格を推奨すること
- ・監査要求事項又は追加的な義務を含むこと
- ・ケーススタディに記載されている個々の組織の仕方や慣例・基準を推奨すること

第1章　マネジメントシステム

　本章では，マネジメントシステムの目的と構成要素について述べる．次いで，組織のマネジメントシステムがどのように事業内容に合致し，関連しているかについて述べる．これらを理解することは，マネジメントシステムへの統合的アプローチの基礎を理解することにつながる．

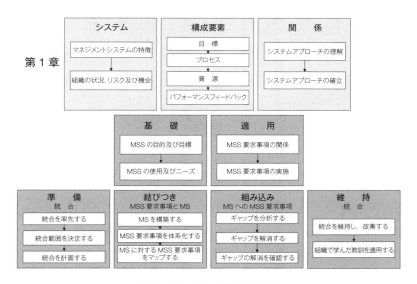

図2　第1章の構成と内容

　本章の終わりまでには，読者は，組織とそのマネジメントシステムとの間の相互関係を明らかにすることができるはずである．

1.1 マネジメントシステムの特徴

> **ガイドとなる質問**
>
> ・何がマネジメントシステムですか？
>
> ・マネジメントシステムはなぜ重要ですか？
>
> ・もしマネジメントシステムがあるならば，どのように知ることができ
> ますか？
>
> ・何がマネジメントシステムの主な特徴ですか？

■ 概　観

組織は，利害関係者のニーズ及び期待を満たすために存在する．これは，マネジメントシステムの存在によって達成される．本ハンドブックでは，マネジメントシステムについて，"方針，目的及びその目的を達成するためのプロセスを確立するための，相互に関連する又は相互に作用する，組織の一連の要素" という定義を用いる．ISO/IEC 専門業務用指針 第 1 部の箇条 SL.9 の上位構造を参照するとよい．

組織は，複雑さのレベルが異なる運用モデルを有する．この複雑さに基づいて，マネジメントシステムは，組織の一部の範囲又は組織全体を範囲として適用されるであろう．複数の規格を組織のマネジメントシステムに統合する場合，そのマネジメントシステムの範囲を考えることが重要である．

マネジメントシステムの基本となる原則は，組織が活動する状況を理解することである．組織は，成功と持続可能性を左右する外部の課題と内部の課題を明らかにすることによって，この状況を理解することができる．

組織は，外部及び内部の課題を考慮してプロセスを計画する．その後，計画を実施し，データに基づいて効率性と有効性をモニタリングし，適切な調整を行う．マネジメントシステムは，継続的な改善活動及び組織の知識の保持を確実にするために文書にするとよい．

マネジメントシステムに従って改善を進める組織は，定期的な識別や優先順

位付け，改善の実施を行わないような"いつもどおりの仕事"を続ける組織よりも，より早くパフォーマンスの改善を達成することができるであろう．

■アプローチ

組織がその活動を効果的，かつ効率的に遂行するためには，何よりもまず，組織の競争上の位置を含め，組織が活動する環境と市場を理解する必要がある．その場合，組織は，プロセス，資源，設備類及び労働力を一つの密着したマネジメントシステムに機能させる必要がある．これにより，システムは，期待する販売可能な製品及びサービスを作り出すことができる．組織の一つひとつの活動はプロセスであり，組織のさまざまなプロセスと構成要素との相互関係を理解する必要がある．

組織が小規模であろうと大規模であろうと，あるいは単純であろうと複雑であろうと，組織に機能する環境は，そのマネジメントシステムの設計及び実施に影響を与える．マネジメントシステムが正式に定義され，文書化されているか否かにかかわらず，組織のニーズ，目標，製品，サービス，プロセス，規模及び構造は，時間の経過とともに変化する．したがって，マネジメントシステムもまた，これらの変化に対して，敏速であり，適応ができて，よい反応ができる必要がある．

調査回答（附属書BのQ1，Q2／149ページ参照）は，多様な規模の組織がマネジメントシステムに規格を統合していることを示している．

■パン職人のジム

A.1.1（125ページ参照）

■ 事　例
MRS Group 社[*5]

　MRS Group 社の健康・安全衛生・環境機能を支援するマネジメントシステムの概観図は，次のようである．

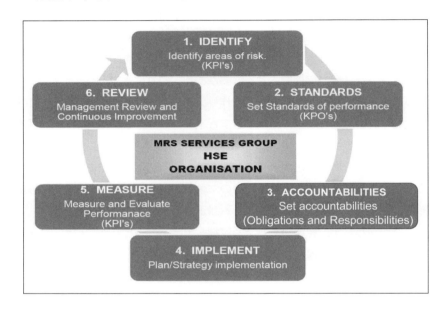

[*5] 編集注　事業内容：石油取引・出荷・貯蔵・流通・石油製品の小売，本社：ナイジェリア

Johnson Controls 社[*6]

"Johnson Controls 製造システム（原則）"の例示は，次のようである．

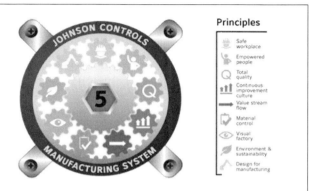

Johnson Controls 製造システム（JCMS）は，Johnson Controls 社の経営システム全体の中で製造基盤の重要要素である．
- JCMS は，9 製造原則に基づいた成熟度モデルを中核に有している．
- JCMS は，世界 130 か所以上の製造拠点に期待される仕組みであり，製造の優秀性を定義している．
- JCMS 内の成熟度モデルは，9 原則それぞれにおいて，五つの成熟度レベルに，製造規範及び統治行動を展開して実行するための工場のロードマップを提供している．
- JCMS は，JCMS 方式の個々の成熟度にかかわらず，すべての製造場所に対して標準化されたアプローチ及び期待を提供している．

演習問題
- マネジメントシステムの範囲をどのように決めていますか？
- 何がマネジメントシステムに影響を及ぼす内部の課題ですか？
- 何がマネジメントシステムに影響を及ぼす外部の課題ですか？
- マネジメントシステムをどのように文書にしていますか？

[*6] 編集注　事業内容：建物／冷凍・冷蔵等の施設・設備のシステム管理，本社：アメリカ

1.2 組織の状況，リスク及び機会

> **ガイドとなる質問**
> ・組織の状況は，マネジメントシステムに対して，どのような影響を与えていますか？
> ・事業計画の不確実性に対して，どのように取り組んでいますか？
> ・だれが組織の利害関係者ですか？

■概　観

組織の状況を考慮する際，組織の目的，目標，持続可能な成功に影響を及ぼす，次のような内部の課題と外部の課題の両方を理解する必要がある．

・利害関係者のニーズ及び期待
・政治的安定，経済的・競争的環境，文化的・社会的規範，技術進歩，環境保護・保全，法令遵守といった，取り組む必要がある外部の課題
・リーダーシップ，マネジメント，コミュニケーション，力量などの内部の課題
・事業環境及び組織が差別化し，競争する方法の理解

組織のマネジメントシステムは，さまざまな利害関係者のニーズ及び期待によって影響を受ける．ニーズ及び期待を決定することは，組織の目標を策定するプロセスにおける重要なステップである．これには，さまざまな利害関係者のニーズの競合，場合によっては対立とのバランスをとることを含む．

組織の状況を考慮するとき，決定されたリスク及び機会は，マネジメントシステムの設計，実施，維持及び改善に貴重なインプットとなる．

組織の状況におけるリスク及び機会の決定，対処には，利用可能な広範囲なツール及び技法が存在する．これらは，組織の状況に合うように選択されるべきである．

1.2 組織の状況，リスク及び機会　　　　　35

■アプローチ
　組織のマネジメントシステムに影響を及ぼす内部及び外部の課題を特定し，分析するための多くの一般的な技法がある．これらには，フォースフィールド分析（force field analysis），環境スキャニング及びベンチマーキング，強み－弱み－機会－脅威（SWOT）分析，及び Political － Economic － Societal － Technological － Legal － Environment（PESTLE）分析（ISO/TS 9002:2016 を参照）を含んでいる．組織にとって重要なことは，方法やツールに関係なく，組織の状況，外部・内部の課題，識別された共通テキストのリスク及び機会を考慮することである．

■パン職人のジム  A.1.2（125 ページ参照）

■事　　例
FCC Construction 社[*7]
　"FCC Construction 方針"は，戦略的な目標と利害関係者に沿ったマネジメントシステムを支援する．

[*7] 編集注　事業内容：土木・建設業，本社：スペイン

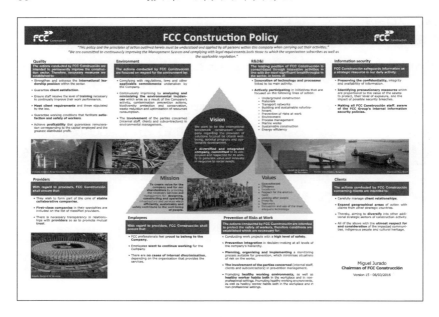

Specialty Fasteners 社[*8]

　Specialty Fasteners 社は，事業のニーズと利害関係者の関係を含む，組織の状況を検討している．組織の SWOT 及び PESTEL テンプレートを，ISO 45001 と QMS の統合の最終段階の事業計画へのインプットとして活用している．

[*8] 編集注　事業内容：ファスナー（留め具・締め具等）製造，本社：アメリカ

1.2 組織の状況，リスク及び機会

Specialty Fasteners Stakeholders and Interested parties	Stakeholders and Interested Parties needs, expectations and interests in the business											
	Financial Probity	Intellectual Capital	Environmental Aspects and Impacts	Owner/ Shareholder Value	Ethical Behaviour	R&D, NPD, Innovation	Board Strategy and Plans	Occ Health & Safety	Information & Cyber Security	Risk and Loss Control	Social Responsibility	Brand and Reputation	Training & Development	Third Party Attestation
Investor / Shareholder / Owner														
Management														
Employees														
Local community														
Customers / Clients														
Suppliers														
Government														
Technology Alliance Partners														
Consultants / Advisors														
Industry Associations														
Universities & Technical colleges														
Regulators														

SpecFast Internal Factors SWOT Analysis

SWOT	Description	Ranking	Actions to take	Responsibility	Date
Strengths (to defend)					
Weaknesses (respond to)					
Opportunities (to consider)					
Threats (assess risks)					

SpecFast External Factors and Strategic Arena PESTEL Analysis

PESTEL	Description	Effect on the Organisation	Ranking	Actions Required	Responsibility	Date
Political Issues						
Economic Issues						
Societal Issues						
Technology Issues						
Environmental Issues						
Legislative Issues						

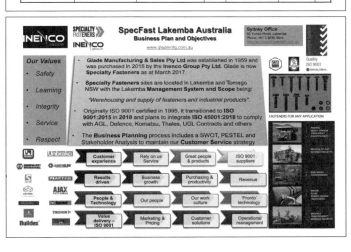

演習問題
- 組織の戦略は，その状況下で市場に適切に適応できることをどのように保証しますか？
- どのようにリスクを決定し，対応していますか？
- どのように機会を決定し，予算化していますか？

1.3 マネジメントシステムの構成要素

すべてのマネジメントシステムにおいて，それが機能するためのいくつかの必須の構成要素が存在する．これらは次のとおりである．
- 目標
- プロセス
- 組織構造及び資源
- パフォーマンスフィードバック

1.3.1 目 標

ガイドとなる質問
- 組織の利害関係者のニーズに対応する目標は整備されていますか？
- これらの目標は，組織のマネジメントシステムにどのように関係していますか？

■概 観

　組織は，目標を達成する方法を考えることから始める．目標達成では，組織はいくつかの利害関係者に依存する．しかし，目標を隔離して検討することはできない．目標が組織の状況のもとで検討されれば，組織にとってはるかに有利な結果になるであろう．組織は，組織の状況に合った目標設定の方法を探

さなければならない．競合する目標の優先順位付け，及び計画と資源への影響は複雑である．このようなことから，効果的なコミュニケーションが必要である．

■アプローチ

　目標は，組織の統合マネジメントシステムを進める活動計画からのアウトプットであるとよい．その場合，目標は組織全体にわたって，上位から下位にまで検討される必要がある．戦略を展開させる計画が目標に反映されることは，マネジメントシステム全体の成功にとって不可欠である．

　本調査では，統合マネジメントシステムを構築した組織が活用した測定法を明確にしている（附属書 B の Q20／161 ページ参照）．重要な点は，組織目標が設定された状況に基づいて測定法が選択され，整合されるべきであり，それらが組織の中で一貫していることである．

■パン職人のジム

A.1.3.1（126 ページ参照）

■事　例
Johnson Controls 社

　Johnson Controls 社のケーススタディでは，目標設定における一つのアプローチが示されている．同社は，計画する際に，方針管理（Hoshin Kanri）に基づいたプロセスを利用している．第一に，このプロセスには，戦略を策定するために，同社と同社の利害関係者の状況に影響を及ぼす課題を集約する環境スキャニングが含まれている．

　第二に，計画展開マトリックスは，年間プロジェクトの創造を通じて達成される長期的目標及び年間目標を決定するために開発されている．プロジェクトの進捗と影響を確認するために，測定法を選び，これらの目標に合わせる．プ

ロジェクトは継続的にモニタリングされる．同社の場合，正式なプロジェクトチームは毎月報告を行う．

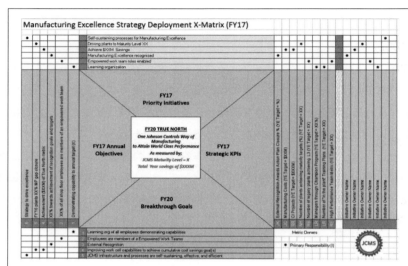

企業レベルにおける Johnson Controls 製造エクセレンスチームは，方針管理の計画実務に基づいた戦略展開マトリックスアプローチを利用している．
a. 製造エクセレンスチームの複数年間の戦略目標から展開する戦略的プロジェクトを年間ベースで開発する．
b. 展開可能なプロジェクトへの戦略的計画の立案と展開化は，方針管理アプローチに基づく．
c. プロジェクトが所望の影響を達成していることを保証するために，具体的な戦略的測定法が決定される．
d. 定期的なレビューを毎月実施し，プロジェクトが測定法の達成に向けて軌道に乗り，必要に応じて緩和措置が講じられることを確実にする．
e. このプロセスは数年間にわたって運用され，洗練されており，製造エクセレンスチームの管理実務に埋め込まれている．

Orbital Gas Systems 社[*9]

Orbital Gas Systems 社の"品質・環境・安全衛生方針宣言"の最初の2節は，次のようである．

[*9] 編集注　事業内容：ガス・石油プラントの設備工事，本社：イギリス

1.3 マネジメントシステムの構成要素　　　　41

品質・環境・安全衛生方針宣言

当社の最大の目標は，クライアントの品質，安全，環境，及び信頼性の要求に一貫して合致する設計，建築，及び製品・サービスのメンテナンスの，高品質な技術サービス能力をクライアントに満足していただくことである．安全，責任，持続可能，環境に配慮した方針と手順の実現を目指す．品質・安全衛生・環境は最重要と考えている．Orbital は，従業員と下請け業者の間で，強力な品質，安全衛生，環境，倫理文化を積極的に推進・管理する．

これらの目標を確実に実現するために，品質マネジメントのための ISO 9001 及び ISO/TS 29001，環境管理のための ISO 14001，安全衛生マネジメントのための OHSAS 18001 の改訂版の要求事項を組み込んだ統合マネジメントシステムを構築してきた．

演習問題

- 何が組織の戦略と方向性ですか？
- 戦略と方向性に対して，目標をどのように整合させていますか？
- どのように，目標を決めて明確にしていますか？
- 組織の利害関係者に対して，目標をどのように関連付けていますか？

1.3.2　プロセス

ガイドとなる質問

- 何が組織の製品・サービス実現プロセス，支援プロセス，経営プロセスですか？
- 製品・サービス実現プロセス，支援プロセス，経営プロセスは，どのように相互に関係していますか？
- プロセスをどのように文書化していますか？

■概　　観

組織内のすべての作業は，そのプロセスを通じて行われる．したがって，組

織は，組織のマネジメントシステムのプロセス内でのタイミング，相互依存関係，相互作用及びインタフェースについて詳細に知っているべきである．製品・サービス実現プロセスは，組織の目標を達成し，組織のマネジメントシステムの背骨を形成する手段を提供する．統合の必要性をわかろうとするとき，製品・サービス実現プロセスと同様，支援プロセスも理解しておくことが重要である．

プロセスは，インプットをアウトプットに変換する際に効率的，かつ効果的に行われる必要がある．その場合，アウトプットは，利害関係者の要求事項を満たす必要がある．プロセスの効率性と有効性を最大化することは，成功する組織にとって基本的な思想である．可能な場合，プロセスは，"製品を作る，サービスを提供する"のように，"動詞及び名詞"で表現する．プロセスには，組織の所在地や部門名などは記載しないほうがよい．

■アプローチ

すべての部門にはプロセスがある．単一の統合されたマネジメントシステムは，何らかの形，例えば，供給者（Suppliers）－インプット（Inputs）－プロセス（Process）－アウトプット（Outputs）－顧客（Customers）の図（SIPOC図）及び／又は，タートル図，フローチャートマップ／プロセスマップ及びバリューチェーン図で表され，関連付けられる必要がある．

プロセスパフォーマンス，その尺度，所有権及び経営資源は，マネジメントシステムの範囲の中で明確にされ，表現される必要がある．プロセスを管理する要素を結びつけて明確にすることは，統合マネジメントシステムの設計と展開において効果的なアプローチである．調査結果（附属書BのQ15／159ページ参照）は，さまざまなプロセスの枠組みとアプローチを示している．

■パン職人のジム

A.1.3.2（127ページ参照）

1.3 マネジメントシステムの構成要素

■ 事　例

Waiward Steel 社[*10]

Waiward Steel 社の"統合マネジメントシステムマニュアル"による"製品実現プロセス"と"支援プロセス"の相互関係を次に示す．

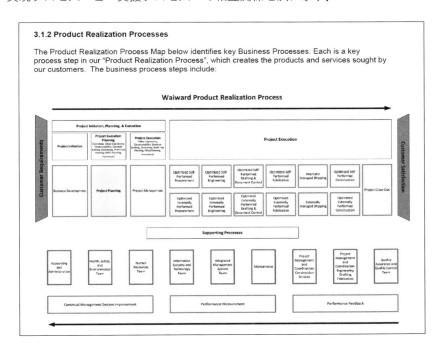

Reliance Hexham 社[*11]

Reliance Hexham 社の"主要プロセス"インタフェース，及び"支援プロセス"と"経営プロセス"との関係を二つに分けて，次に示す．

[*10] 編集注　事業内容：建物の設計・設備工事，構造用鋼材の製造・組立，本社：カナダ
[*11] 編集注　事業内容：鉱業，金属鉄鋼加工業向けの機械製造・採掘業，本社：オーストラリア

第1章 マネジメントシステム

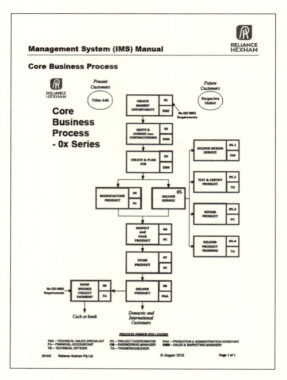

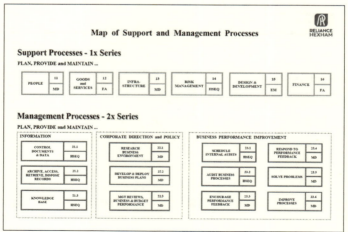

1.3　マネジメントシステムの構成要素　　　45

演習問題

　・組織のプロセスの相互作用をどのように明確にしていますか？

　・何が製品・サービス実現プロセスですか？

　・異なるサービス，製造，試験及び納入のプロセス・手順を組織はどの
　　ように明確にしていますか？

　・何がプロセスを支援していますか？

1.3.3　組織構造及び資源

ガイドとなる質問

　・組織構造は，目標の達成をどのように支援していますか？

　・組織は，資源の利用にどのように取り組んでいますか？

　・組織は，どのように人的資源の役割と責任を決めて意思疎通していま
　　すか？

■概　　観

　組織全体の計画プロセスは，総合的なマネジメントシステムの不可欠な部分
である．外部及び内部の課題を慎重に考慮することにより，組織は，利害関係
者のニーズを満たすための強固な戦略を策定することができる．戦略を組織全
体の計画に反映させることは，持続可能なパフォーマンスを提供するためのマ
ネジメントシステムの設計と改善につながる．

　組織構造及び資源は，組織がそのマネジメントシステムを設計，実施，維持
及び改善する能力に直接影響を及ぼす．さらに，組織構造及び資源は，定義さ
れ，割り当てられたプロセスオーナー及びマネージャーによって，その目標に
直接整合されている必要がある．

■アプローチ

マネジメントシステムの具体的な構造は，組織の状況に依存する．小規模，又は複雑でない組織は，正式な構造を活用しないことがある．大規模，又は複雑な組織は，正式な構造を必要とする．このことは，組織構造はマネジメントシステム構成要素の実行と管理を調整する手段であることを意味している．

組織は，その目標を達成し，利害関係者の期待を満たすために，さまざまな経営資源を活用する．これらの資源は，組織のマネジメントシステムの不可欠な部分を形成し，次のものを含む．

- ・人材（業務の役割，責任，権限等）
- ・資材（原材料，等級別製品，副産物等）
- ・情報（測定，モニタリング，フィードバック等）
- ・インフラストラクチャ（機械，設備，運転条件，従業員の福利厚生等）
- ・財務
- ・組織の知識
- ・その他の資源（知識・技能，改善プロジェクトの時間・場所等）

効果的で効率的なマネジメントシステムは，これらの資源を統合的に取り扱って適切なシステムを構築する．

より効果的，かつ効率的に目標を達成する組織は，より成功している．次のことを考慮に入れるとよい．

- ・組織内の全員の機能，役割，責任を確立する．
- ・IMS（統合マネジメントシステム）の責任と説明責任を決定する．
- ・意思決定プロセスを明確にする．
- ・組織活動を効果的に調整する．
- ・異なるコミュニケーション径路を強化し，明確にする．
- ・情報交換を構造化する．
- ・組織の活動を効果的に監視し，分析する．
- ・さまざまな資源を調整する．
- ・戦略と新たな取組みを展開する．

1.3 マネジメントシステムの構成要素　　　　　　　　　　　47

・資源を特定し，取得し，配付する．

■パン職人のジム

A.1.3.3（129 ページ参照）

■事　例
Reliance Hexham 社

　組織の構造，役割，レベルが，次のように，Reliance Hexham 社の NATA 認定を含めて，HSEQ マネジメントシステム内のプロセスを中心に構築された．

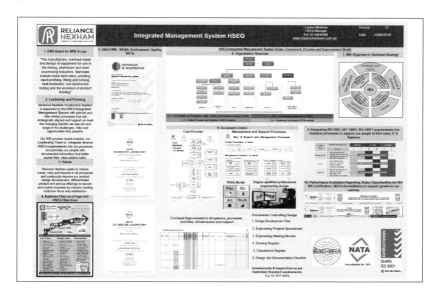

MRS 社

　MRS 社の"HSE マネジメントシステム"文書に書かれている目標達成への資源と責任の整合は，次のようである．

3.1.3 説明責任／責任の設定－（ステップ3）

当社は HSE の目的を達成するために必要な資源を特定し，提供する．SG–HSE–PRO–1.02–役割及び責任には，KPO の実現に説明責任のある"だれが"の明確な定義が含まれる．これには，請負業者や供給者が関与している個々の標準内及び手順内の明確な説明責任が含まれる．

HSEQ の説明責任を定義する際には，法的義務，義務及び責任を明確にして含める．

3.1.4 実施－（ステップ4）

当社の目的と目標を達成するために，当社は十分な資源を割り当て，進歩を促進するための支援を提供する．各部門は，各自の活動やプロセスに関連する場合，常に HSEQ の手順を適用する．

協議プロセスを促進することがコミュニケーション構造を発展させ，維持する．可能な限り最良の結果を生み出すために，チーム全体の集合的な知識と経験を活用できるよう，組織横断的な要員が関与し，参加するようにする．

演習問題

- 資源はどのように決定され，獲得され，配置されますか？
- 資源の使用と配置をどのように調整していますか？
- 主な組織の新たな取組みと戦略資源をどのように得ていますか？
- 組織の主な新たな取組みに対して，組織横断的な責任を負うプロセスオーナーはいますか？

1.3.4　パフォーマンスフィードバック

ガイドとなる質問

・自組織では，期待されるプロセスのアウトプットをどのように決めて
いますか？

・自組織では，プロセスが効果的であるかどうかをどのように監視し，
測定していますか？

・自組織では，プロセスが効率的であるかどうかをどのように監視し，
測定していますか？

■**概　　観**

　すべてのマネジメントシステムは，組織がそのパフォーマンスに関するフィードバックを得る方法を考慮しなければならない．戦略レベルと戦術レベルの両方に目標がある．組織は，自らの目標を達成し続けるために，自組織のマネジメントシステムを展開し，実施するはずである．

　パフォーマンスを監視するだけでは十分ではない．組織の目標の達成に向けて，継続的に改善して推進するために，適切な処置を決定して活動する必要がある．効果的なコミュニケーションと問題解決活動を通じて，そのフィードバックを責任もって行うようにする．

■**アプローチ**

　組織は，設定された目標のパフォーマンス結果を決めるために，組織のすべてのレベルでパフォーマンスを監視し，測定する必要がある．組織は，データの分析を通してパフォーマンスを理解することで，改善と知識を増やす活動を学習し，発展させることができる．

　統合マネジメントシステムにとって，スコアカード，本来の主要パフォーマンス指標及び特定のプロセスに関する他の測定法がすべてのパフォーマンスを"部分最適化"しないようにすることが大切である．

■ジムのパン屋さん

A.1.3.4（130 ページ参照）

■事　例
CEPSA 社[*12]

プロセスの所有権とプロセスパフォーマンスの計算方法を含む，CEPSA 社の"プロセスマネジメント"の例示は，次のようである．

Johnson Controls 社

Johnson Controls 社のケーススタディでは，組織が上位から下位への展開方式のプラントスコアカードを通じて，行動の分析と解決を標準化するプロセスを詳細に説明している．これは，企業，事業ユニット及び組織横断的な特定の測定法のレベルで共通の測定法を発展させ，標準化することで達成している．

[*12] 編集注　事業内容：石油・ガスの採掘・生産・供給，石油製品の製造，本社：オーストラリア

1.3 マネジメントシステムの構成要素

Johnson Controls 社は，企業全体で進行中のパフォーマンスをモニタリングするために，月次調整スケジュールを利用する．標準化されたスコアカードによって，任意のレベルで容易に分析し，比較することができる．

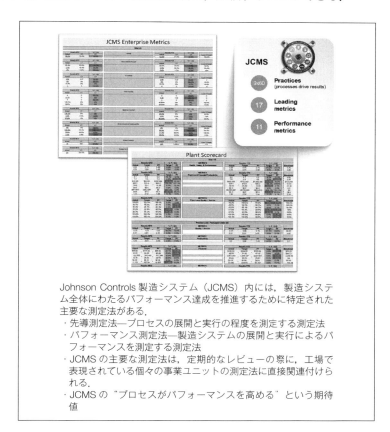

Johnson Controls 製造システム（JCMS）内には，製造システム全体にわたるパフォーマンス達成を推進するために特定された主要な測定法がある．
- 先導測定法—プロセスの展開と実行の程度を測定する測定法
- パフォーマンス測定法—製造システムの展開と実行によるパフォーマンスを測定する測定法
- JCMS の主要な測定法は，定期的なレビューの際に，工場で表現されている個々の事業ユニットの測定法に直接関連付けられる．
- JCMS の"プロセスがパフォーマンスを高める"という期待値

演習問題
- ・組織はパフォーマンスをどのようにレビューしていますか？
- ・どのような頻度と順序で，部門間のパフォーマンスのレビューを行っていますか？
- ・フィードバックはどのように提供され，実施されていますか？
- ・どのようにして，組織の目標を推進するフィードバックプロセスを通じて説明責任を果たしていますか？

1.4　マネジメントシステム構成要素の関係の理解

1.4.1　システムアプローチの理解

ガイドとなる質問
- ・組織のマネジメントシステムの関係とつながりは何を意味しますか？
- ・つながりはマネジメントシステムの有効性にどのように影響しますか？
- ・文書化した情報と測定法はマネジメントシステムにどのように組み込んでいますか？

■ 概　　観

　組織は，組織の目標を達成するために，相互に関連付けられた多くの公式又は非公式な取決めを通じて運営される．これには，組織がその目標を達成できることを確実にするために使用されるプロセス及び資源の枠組みが含まれる．システムアプローチにおいて，枠組みを構成するプロセスは，単独ではなく，あるいは独立しており，むしろ，関連付けられ，測定され，パフォーマンス評価の手段とともにフィードバック機能をもっている．

　マネジメントシステムの個々の構成要素の分析は，それらがどのように機能

するかを説明するために重要なことである．構成要素の統合は，システムアプローチからの反映として行う．この統合については，目標を達成する際に協働するプロセス，資源及びパフォーマンスフィードバックがどのように相互に関係しているかを理解しているとよい．

　体系的なアプローチについては，計画，財務，会計，購入，サプライチェーンなど，製品・サービス実現プロセスを支援する，多くのプロセスとの相互作用を理解するとよい．これらの支援プロセスが製品・サービス実現プロセスと効果的に機能しているかを確実にするためには，支援プロセスのパフォーマンスを監視することが必要である．ほとんどの組織は，例えば，フローチャート，テキスト文書又は他の方法を使用して，プロセスを文書にしている．いろいろな文書が使用されていることは，調査（附属書 B の Q19／161 ページ参照）に示されている．

■アプローチ

　組織を一つのシステムと見なすと，システム個々の構成要素を分析した結果と異なる見解を得ることが可能になる．ケーススタディは，組織を一つのシステムとして見ることで，改善したり，目標を達成したりするうえで，組織は多くの利点をもつことを実証している．

　また，ケーススタディでは，冗長性を取り除き，相乗効果を得るために，システムアプローチを利用することが組織に便益を与えることを示している．

■パン職人のジム

A.1.4.1（130 ページ参照）

54　第1章　マネジメントシステム

■事　例
FCC Construction 社

　FCC Construction 社は，相互につながったプロセスマップを説明するケーススタディにおいて，追加的に採用されたシステムアプローチを実証している．これは，組織の目的，プロセス及び資源の間の関係を含み，マネジメントシステム全体を図式的に表している．

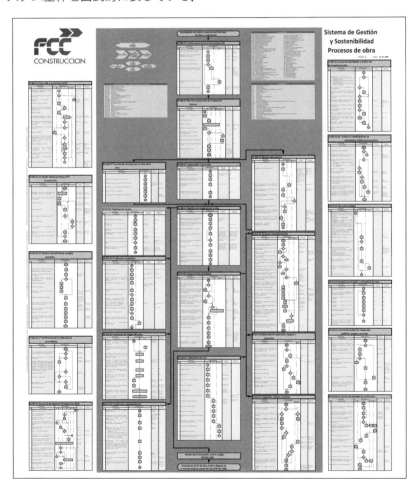

CEPSA社

CEPSA社によるマネジメントシステム構成要素の関係の例示は，次のようである．

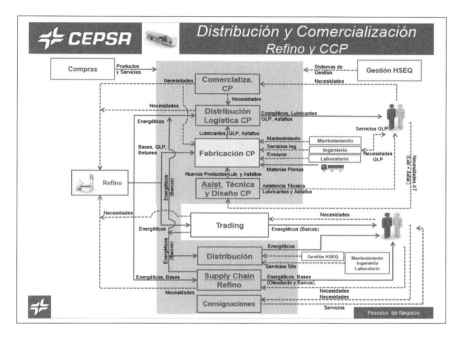

演習問題
- 自組織のプロセスモデルを見直す際，複数のマネジメントシステムを見直しますか？
- プロセスをどのように統合していますか？
- プロセス間の関係をどのように決めていますか？
- 冗長，あるいは付加価値のないプロセスがどこかにありますか？
- 自組織のプロセスに要求事項をどのようにつなげることができますか？

1.4.2 システムアプローチの確立

> **ガイドとなる質問**
> ・組織を管理するための経営プロセスは，どのように機能していますか？
> ・組織の事業活動や事業プロセスを支援するマネジメントシステムは，どのように機能していますか？

■概　観

　システムアプローチを確立するためには，組織は，そのシステムがどのように機能し，成果がどのように測定されるかを知る必要がある．これには，目標，プロセス，資源及びパフォーマンス尺度間の関係を知ることが含まれる．はっきりと知ることができれば，組織はそのマネジメントシステムを明確に設計し，実施し，維持し，改善することができる．

　いかにシステムが外部・内部の課題に対応するかは，継続的改善レベルとシステムの総合パフォーマンスレベルの指標となる．システムアプローチの概念は，マネジメントシステム規格の統合利用を考える際の重要な要素の一つである．

■アプローチ

　多くのプロセスとそれらのつながりを分析して関係を明確にすることは，マネジメントシステムの基礎である．組織は，この分析の結果を使って，より効果的，効率的に目標を達成するマネジメントシステムの主要構成要素すべてを統合する機会を検討することができる．

■パン職人のジム

A.1.4.2（132 ページ参照）

1.4 マネジメントシステム構成要素の関係の理解

■ 事　例

MRS 社

MRS "HSEQ マネジメントシステムの枠組み" の例示は，次のようである．

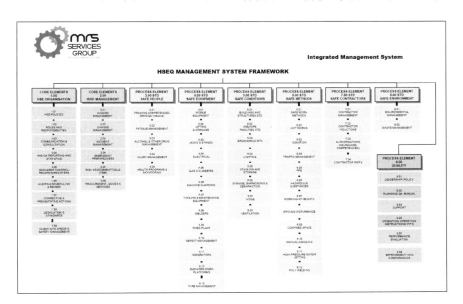

Centro Cerro 社[*13]

Centro Cerro 社のケーススタディでは，例えば，政策目標の策定から，継続的改善の計画に至るまで，異なるプロセスと資源をマネジメントシステム全体で結びつける方法を示している．次の図は，幅広い活動における責任も示している．

[*13] 編集注　事業内容：土木・建設業，本社：ポルトガル

第 1 章　マネジメントシステム

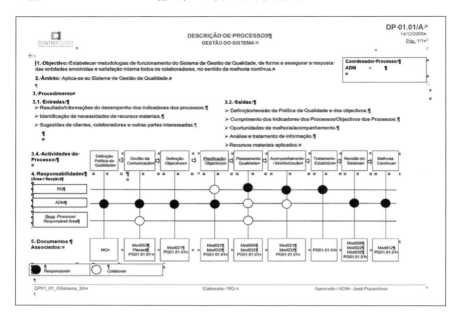

演習問題
- 自組織のマネジメントシステムの支援プロセスは自組織の製品・サービス実現プロセスとどのように相互作用していますか？
- 支援プロセスは全体的なマネジメントシステムにどの程度統合されていますか？
- 支援プロセスは目標，利害関係者の要求事項及びマネジメントシステムの資源や，その他の構成要素の機能とどのように関係していますか？

第2章　マネジメントシステム規格

　マネジメントシステム規格は，環境，エネルギー，情報セキュリティ，資産（アセット）又はリスクのマネジメントシステムの確立など，特定の目的を満たす能力を組織に提供する，一組の構造化された要求事項である．これらの規格は，異なる目標を有し，複数の利害関係者に影響を及ぼす．

　本章では，マネジメントシステム規格の内容と組織の既存のマネジメントシステムとの関係について説明する．

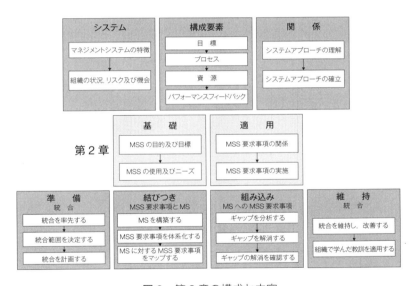

図3　第2章の構成と内容

　近年のISOマネジメントシステム規格の最も重要な変更の一つは，これらの規格のすべてが附属書SLの上位構造（HLS）に基づくことになったことである．したがって，ISOマネジメントシステム規格の実施に際しては，組織はこのHLSの一般的な理解をしておくことが重要である．

　HLSは，マネジメントシステム規格のための共通の構造，共通テキスト，

用語及び定義を提供している．参考までに，次に HLS の構造を示す．

```
 1  適用範囲
 2  引用規格
 3  用語及び定義
 4  組織の状況
 5  リーダーシップ
 6  計画
 7  支援
 8  運用
 9  パフォーマンス評価
10  改善
```

すべての ISO マネジメントシステム規格は，この構造に従うことが要求されているため，2012 年以降はそのように制定，あるいは改訂されている．

> この共通性は，組織がマネジメントシステム規格を読んで理解することをより容易にする．また，マネジメントシステム規格の要求事項の分析及び実施において，規格利用者が複数の規格の共通性及び差異を識別することがより容易になる．

例として，次ページの表に，四つの ISO マネジメントシステム規格の箇条 5.1（抜粋）で共通する部分を下線で示す．

組織が自組織のプロセス又は文書を HLS に適合させることは，必要でなく，又は意図されていないことに留意されたい．それよりも，組織の戦略目標や運用プロセスに従うべきである．

本章の残りの部分は，規格の目的と目標，規格の使用と必要性，そして最終的には，組織のマネジメントシステムへの規格の適用について詳述する．

ISO 9001	ISO 14001	ISO/IEC 27001	ISO 45001
5.1 リーダーシップ及びコミットメント	5.1 リーダーシップ及びコミットメント	5.1 リーダーシップ及びコミットメント	5.1 リーダーシップ及びコミットメント
トップマネジメントは，次に示す事項によって，品質マネジメントシステムに関するリーダーシップ及びコミットメントを実証しなければならない．	トップマネジメントは，次に示す事項によって，環境マネジメントシステムに関するリーダーシップ及びコミットメントを実証しなければならない．	トップマネジメントは，次に示す事項によって，情報セキュリティマネジメントシステムに関するリーダーシップ及びコミットメントを実証しなければならない．	トップマネジメントは，次に示す事項によって，労働安全衛生マネジメントシステムに関するリーダーシップ及びコミットメントを実証しなければならない．
…	…	…	…
c) 組織の事業プロセスへの品質マネジメントシステム要求事項の統合を確実にする．	c) 組織の事業プロセスへの環境マネジメントシステム要求事項の統合を確実にする．	b) 組織のプロセスへの情報セキュリティマネジメントシステム要求事項の統合を確実にする．	c) 組織の事業プロセスへの労働安全衛生マネジメントシステム要求事項の統合を確実にする．

2.1 マネジメントシステム規格の目的及び目標

> **ガイドとなる質問**
> ・組織に導入した規格はどの規格ですか？
> ・なぜ自組織では規格が必要なのですか？
> ・どの規格が利害関係者のニーズ及び期待に関係しますか？

■ 概　　観

　成功した組織は，重要な活動を管理する必要性を理解している．マネジメントシステム規格の主な目的は，組織がこの目標を達成することを可能にする枠組みを提供することである．別の目的は，組織の利害関係者のニーズ及び期待を満たし，改善することである．

■アプローチ

マネジメントシステム規格は，良好な商慣行を奨励する環境において，組織を管理する体系的，かつ検証可能なアプローチを可能にするツールである．調査結果は，組織がすでに複数の規格を組織内に展開していることを示している（附属書 B の Q12／152〜158 ページ参照）．調査結果は，国際的に認められた良好な商慣行の分析と実施の枠組みを提供するために，組織が規格を使用していることを強調している．マネジメントシステム規格の一般的な要求事項は，すべての組織に適用できる．

・経営層及び従業員の責任，権限及び説明責任
・力量及び認識
・資源の計画及び展開
・内部，外部のコミュニケーション
・リスクの評価及び目標への影響
・組織の目標に関するパフォーマンスレビュー
・内部監査
・文書化した情報の管理

■パン職人のジム

 A.2.1（133 ページ参照）

■事　例

Informatica El Corte Ingles 社[*14]

この調査に対する回答として，Informatica El Corte Ingles 社は，ISO 9001, ISO/IEC 20000-1, ISO/IEC 27001 という 3 規格，及び一つの規制を列挙した．"組織のプロセスと ISO 又は非 ISO MSS の要求事項との関連性をどのように示しましたか？"という調査質問に対する回答は，次のようであった．

[*14] 編集注　事業内容：情報技術産業，本社：スペイン

2.1 マネジメントシステム規格の目的及び目標　63

> ISO/IEC 20000-1 は，どのプロセスを順守する必要があるのか，及びそれぞれのプロセスの最小の要求事項を非常に明確に規定している．

Tradeco 社[15]

"組織のマネジメントシステムに統合されている外部の ISO 規格又は非 ISO 規格は何ですか？"という調査質問に対する Tradeco 社の回答は，次のようであった．

> ISO 9001，ISO 14001，OHSAS 18001

Plexus Corp 社[16]

"組織のマネジメントシステムに統合されている外部の ISO 規格又は非 ISO 規格は何ですか？"という調査質問に対する Plexus Corp 社の回答は，次のようであった．

> ISO 9001，AS 9100，ISO 13485，TL 9000，ISO 14001，OHSAS 18001，ATEX，IRIS，ISO 50001

演習問題

- 経営層及び従業員の権限及び責任は周知され，理解されていますか？
- 自組織で展開されている複数の規格の目標に違いはありますか？
- これらの規格の要求事項はどのように伝達されていますか？
- これらの規格の要求事項はどのようにモニターされていますか？

---

[15] 編集注　事業内容：土木・建設業，本社：メキシコ
[16] 編集注　事業内容：電子機器製造，本社：アメリカ

2.2 マネジメントシステム規格の使用及びニーズ

> **ガイドとなる質問**
> ・自組織にとってマネジメントシステム規格が必要となるのはいつです
> か？
> ・どのマネジメントシステム規格を使用すべきですか？
> ・複数のマネジメントシステム要求事項を統合するリスク及び機会はど
> ういったものですか？

■ 概　　観

マネジメントシステム規格は，組織の潜在的なリスクのために重要な要求事項を特定している．これらのリスクに対処しないことは，組織が利害関係者を満足させ，目標を達成する能力に対して障害になる可能性がある．

マネジメントシステム規格は，品質，環境，安全，セキュリティ，エネルギー又は業界要求事項など，組織の機能的側面に適用されるトピック又はテーマに焦点を当てている．

マネジメントシステム規格は，組織に何が要求されるかを伝えるが，要求事項をどのように満たすかは概して扱わない．要求事項をどのように満たすかは，組織が決定することである．

マネジメントシステム規格を組織に適用する決定は，通常，顧客や他の利害関係者の要求，又は体系的な管理と改善に対する組織内部の必要性によって決まる．

組織，利害関係者又は顧客のニーズが，マネジメントシステム規格の実施を促進する．

これらの決定は，複数のマネジメントシステム規格の実施を含むことがあり得る．個々のマネジメントシステム規格が異なる適用範囲及び目的に焦点を当てているため，組織における規格の別々の運用につながる可能性がある．本ハンドブックは，複数のマネジメントシステム規格の統合利用を奨励している．

2.2 マネジメントシステム規格の使用及びニーズ

■アプローチ

　組織は，業界，グローバル及び社会の影響力に基づいて，どのマネジメントシステム規格が必要かを決定することができる．例えば，ISO 9001 は，品質マネジメントのための最も広く知られた規格の一つである．ISO 14001 は環境マネジメントの規格として策定された．他にも，広く使用され，認められたマネジメントシステム規格が多数存在し，その中には次のものが含まれる．

　　・ISO 37001：贈賄防止マネジメント
　　・ISO 45001：労働安全衛生マネジメント
　　・ISO 50001：エネルギーマネジメント

　いくつかの業界は，その業界に特有の要求事項を含むマネジメントシステム規格を開発している．セクター規格と呼ばれることもあるこのような規格の例には，次のものが含まれる．

　　・TL 9000：電気通信
　　・AS 9100：航空宇宙
　　・IATF 16949：自動車
　　・SA 8000：社会的責任

　一つのマネジメントシステム規格の選択か，複数の規格の実施かの決定は，組織の目的によって左右される．

■パン職人のジム

 A.2.2（134 ページ参照）

■事　　例

Orbital Gas Systems 社

　Orbital Gas Systems 社のインフラ産業において，事業運営している Orbital Gas Systems 社は"達成するための規格は何ですか？"という調査質問に対して，次のように回答した．

当社が ISO 9001，ISO 14001 及び Achilles UVDB Verify の認証を取得しない限り，クライアントは当社とは取引しないであろう．

Waiward Steel 社

製造業の Waiward Steel 社は "達成するための規格は何ですか？" という調査質問に対して，次のように回答した．

当初は顧客の要求によるものだった．現在，それらは継続的改善の基盤の一部として使用されている．

Aurecon 社[17]

エンジニアリングサービス業界において，事業を展開している Aurecon 社は "達成するための規格は何ですか？" という調査質問に対して，次のように回答した．

組織横断的な標準化と継続的な改善の実施

演習問題
- マネジメントシステム規格の要求はどこからありますか？
- マネジメントシステム規格の適用によって，ビジネス価値をどのように向上させますか？
- 自組織にとって，規格の適用は利害関係者のニーズを満たすことに，どのように役立ちますか？

---

[17] 編集注　事業内容：土木・建設業，エンジニアリング，設計，本社：オーストラリア

2.3 マネジメントシステム規格の要求事項の適用

2.3.1 マネジメントシステム規格の要求事項と組織のマネジメントシステムとの関係

> **ガイドとなる質問**
> ・組織にとって重要なマネジメントシステム規格の要求事項とは何ですか？
> ・自組織に与える規格要求事項の影響とは何ですか？
> ・規格要求事項は自組織の効率に，どのように影響しますか？

■ 概　　観

組織がマネジメントシステム規格の実施を選択する理由は，典型的には，主に次の二つがある．

・組織が利害関係者からの特定の要求に直面している．
・改善のため，及び将来の利害関係者の要求を見据えている．

組織は次のことを理解する必要がある．

・組織の事業ニーズがマネジメントシステム規格の要求事項にどのように関係するか．
・組織の既存のマネジメントシステムは，マネジメントシステム規格の要求事項をどのように取り扱うか．
・どの利害関係者から影響を受けるか．

組織の特定の事業又は部門に対する規格の重要性レベルを決定するのは，組織次第である．

■ アプローチ

規格の要求事項をどのように適用するかは，いろいろなアプローチの方法がある．すべての方法は，次の理解を含めて共通である．

・要求事項の目的
・要求事項によって影響を受ける内部領域
・要求事項に影響を及ぼす外部の利害関係者

調査結果は，異なる組織が，どのように自組織のニーズを考慮して，どのようにそれらニーズに取り組むために，特定のマネジメントシステム規格を実施するのかを例示している．

■パン職人のジム

 A.2.3.1（134 ページ参照）

■事　　例

Waiward Steel 社

"組織のプロセスと ISO 又は非 ISO MSS の要求事項との関連性をどのように示しましたか？"という調査質問に対して，Waiward Steel 社は次のように回答した．

> 当社は，IMS（Integrated Management System：統合マネジメントシステム）マニュアルを制定した．

SunPower Corporation 社[*18]

"組織のプロセスと ISO 又は非 ISO MSS の要求事項との関連性をどのように示しましたか？"という調査質問に対して，SunPower Corporation 社は次のように回答した．

[*18] 編集注　事業内容：太陽電池製造及び太陽光発電設備工事，本社：アメリカ

2.3 マネジメントシステム規格の要求事項の適用　　　　69

> 要求事項は，EHSQ マニュアルの該当部分に組み込まれ，上位のプロセ
> スは適切な部分に相互参照されている．

MRS 社

　MRS 社の "HSE マネジメントシステム" 文書によるマネジメントシステム
規格についての説明は，次のようである．

> **3.2　HSEQ 規格**
> HSEQ 規格は，主要要素及びプロセス要素に従属し，手順書，指示書，様式，
> 登録簿などの他の文書は，それぞれの特定の規格ごとに策定される．

> **演習問題**
> 　・自組織のマネジメントシステムに与える規格の影響はどういったもの
> 　　ですか？
> 　・自組織のどの部分が実施に責任を負いますか？
> 　・利害関係者はだれですか？
> 　・どの組織機能が影響を受けますか？
> 　・組織機能と利害関係者に対する規格要求事項の関係はどのようなもの
> 　　ですか？

2.3.2　マネジメントシステム規格の要求事項の実施

> **ガイドとなる質問**
> 　・規格の要求事項はどのようなものですか？
> 　・規格において，要求事項はどのように記載されていますか？
> 　・自組織では，どのように規格要求事項を合わせていますか？
> 　・自組織では，要求事項の実施と維持にだれが責任をもっていますか？

■概　観

多くのマネジメントシステム規格の要求事項は，リーダーシップ，コミット
メント，資源の提供，プロセス間のコミュニケーションと相互作用，及びプロ
セスに関する特定の活動など，組織構造に関係している．組織の典型的なアプ
ローチは，プロセスオーナーを任命して，プロセスとマネジメントシステム規
格との関係及びパフォーマンスを明確にすることである．

■アプローチ

要求事項は"組織は……しなければならない．"や"トップマネジメントは
……しなければならない．"のように，一般的な語句で記載されている．それ
らは，例えば，組織やトップマネジメントが講じなければならない行動，ある
いはプロセスに含めなければならないような，次のような行動を指している．

- **"組織は，それぞれの監査の基準及び適用範囲を定めなければならな
  い．"** プロセスオーナーは，このことをプロセスに含め，監査基準及び
  適用範囲がそれぞれの監査で明確になっていることを確実にする必要が
  ある．
- **"組織は，マネジメントシステムの目標に関する文書化した情報を保持
  しなければならない．"** プロセスオーナーは，このことをプロセスに含
  め，マネジメントシステムの目標が文書化され，保持されていることを
  確実にする必要がある．

本調査の結果は，組織のマネジメントシステムの全体的な変更をすることな
しに，複数の規格の要求事項を理解して対応付けする手段としての上位構造
（HLS）を活用する組織の能力を例示している（附属書BのQ13／158ページ
参照）．

■ パン職人のジム

 A.2.3.2（135 ページ参照）

■ 事　例

Aurecon 社

"組織のプロセスと ISO 又は非 ISO MSS の要求事項との関連性をどのように示しましたか？" という調査質問に対して，Aurecon 社は次のように回答している．

> 当社は，ISO マネジメントシステム規格の要求事項を列挙し，当社の仕方に関係する部分に関連付けた文書を有している．

Waiward Steel 社

Waiward Steel 社の "IMS マニュアル" "まえがき"（抜粋）は，次のようである．

> 統合マネジメントシステム（IMS）は，次の規格に基づいている．
> ・ISO 9001:2015 品質マネジメントシステム
> ・ISO 14001:2004 環境マネジメントシステム
> ・BS OHSAS 18001:2007 労働安全衛生マネジメントシステム
> ・製造業者安全衛生協会認定 /MHSA COR 安全衛生マネジメントシステム
> ・Alberta Construction 社・安全協会認定 /ASCA COR 安全衛生マネジメントシステム
> ・AISC 201-06 鋼構造物規格

UNAM[*19]

UNAM 化学学部の計測ユニット（MU）の"品質マネジメントシステムの実施計画"の"ステージ3～ステージ4"（抜粋）は，次のようである．

ステージ3　プロセスの定義と分析

品質システムの確立の必要性が確認されると，次の二つの規格を基準として使用することが決定された．NMX-CC-9001-IMNC-2008 及び NMX-EC-17025-IMNC-2006（…）

ステージ4　マネジメントシステムを支持する理論の構築

MU（計測ユニット）の方針，構想，使命，品質目標の定義．この基礎の定義によって，その将来の見える化ばかりではく，MU の本質を確立することを可能にした．

演習問題

・自組織のプロセスは特定されていますか？

・それぞれのプロセスにオーナーはいますか？

・それぞれのプロセスのオーナーは，プロセスパフォーマンスに関する権限と責任をもっていますか？

・関連する業務や活動は明確に定義されていますか？

・作業遂行の責任者はだれですか？

・モニタリング及び報告はどのようになされていますか？

[*19] 編集注　事業内容：メキシコ国立自治大学，本拠地：メキシコ

第3章 マネジメントシステムへのマネジメントシステム規格の要求事項の統合

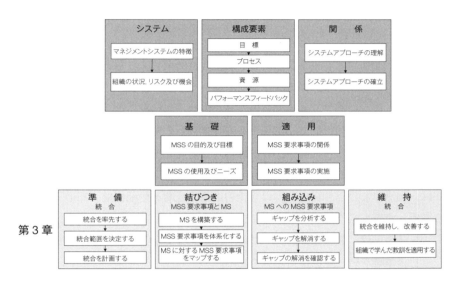

図4　第3章の構成と内容

　組織が意思決定を行い，組織の資源を管理する方法は，マネジメントシステムと呼ばれることが多い．マネジメントシステムは，すべての組織又は企業に存在する．マネジメントシステムの中には，明確に定義され，理解されているものもあれば，そうでないものもある．

　マネジメントシステム規格及び関連する要求事項は，組織のマネジメントシステムに影響を及ぼす．そのような要求事項の影響は，組織による実施及び適合のレベルに応じて，大きくなったり，小さくなったりする．言い換えれば，組織が要求事項を満たす範囲はさまざまである．

　近年，組織のニーズや利害関係者の要求により，複数のマネジメントシステム規格を活用する必要性が高まっている．多くの場合，組織は実施において課

題に直面している．それぞれの規格を個別に実施することは一つのアプローチである．この一つのアプローチは，組織内の購買，顧客サービス，品質又は生産などの部門ごとの実施を通じて，それぞれの規格を孤立させる傾向がある．このようなアプローチは，マネジメントシステムを部分最適化させてしまう．

　組織にとってより効果的，かつ効率的なアプローチは，複数の規格の要求事項をマネジメントシステムに統合することである．この方法では，組織は複数の規格及び関連する要求事項の影響を組織横断的に考える．さらに，その方法を実施している間には，組織のインフラストラクチャ，製品・サービス実現プロセス，支援プロセス，利害関係者などを含めて，組織全体を考慮する．

　本章の目的は，統合的アプローチを通じて複数の規格要求事項を実施する際に，組織が考慮すべき指針，便益，課題及び事例を提供することである．

　本章で言及する組織は多岐にわたるが，そのすべてを結びつける重要なテーマは，実施における統合的アプローチの活用の成功と組織価値である．これらの事例と実践から学んだ二つのポイントは次のとおりである．

- 統合とは，組織全体の，一つのマネジメントシステムに複数の規格の要求事項を統一するプロセスである．
- 統合の結果は，複数の規格の要求事項を満たす，単一の統合マネジメントシステムである．

　この統合は，一つのプロジェクト又は一連のプロジェクトとして行うことができ，各プロジェクトは，一つ又は複数の規格の実施，及び関連する要求事項を一つの統合マネジメントシステムへの統合することを指している．さまざまなシナリオを伴った統合プロジェクトの事例を表3.1に示す．

表 3.1　統合プロジェクトのシナリオと事例

シナリオ		事　例	
		組織は…	組織は……を望む.
(1) すでに組織内で個別に実施されている複数の MSS の活用の統合		ISO 9001 と ISO 14001 を個別に実施していた.	ISO 9001 と ISO 14001 の活用を統合すること
(2) 新しい MSS の実施, 及び次の(a)か(b)か(c)を伴った組織の MS への新しい MSS 要求事項の統合	(a) 以前に実施されていた MSS	ISO/IEC 27001 を実施していた.	ISO 14001 を実施すること
	(b) 個別に実施されていた複数の MSS	AS 9100 と ISO 14001 を個別に実施していた.	ISO 45001 を実施すること
	(c) すでに統合された複数の MSS の利用	ISO 9001 と ISO 14001 の要求事項を組織の MS に統合していた.	ISO 45001 を追加すること
(3) 新しい複数の MSS の実施, 及び次の(a)か(b)か(c)か(d)を伴った組織の MS への新しい複数の要求事項の統合	(a) 以前に実施されていない MSS	MSS を実施していなかった.	IATF 16949, AS 9100, ISO 45001, ISO 50001, ISO 55001 を実施すること
	(b) 以前に実施されていた MSS	ISO 22000 を実施していた.	ISO 14001 と ISO 45001 を実施すること
	(c) 個別に実施されていた複数の MSS	ISO 50001 と ISO 14001 を個別に実施していた.	ISO/IEC 27001 と ISO 45001 を実施すること
	(d) すでに統合された複数の MSS の利用	ISO 9001 と ISO 14001 の要求事項を組織の MS に統合していた.	ISO 28000 と ISO 45001 を実施すること

　図 3.1 は, 統合のための一般的な概要のフローチャートを示す. 統合プロジェクトは, フローチャートに示されたステップに従うとよい. 統合プロジェクトが完了すると, そこで学んだ教訓を次の統合プロジェクトで使用できる.

統合プロジェクトを管理する方法は多数あるが，第 3 章は，図 3.1 のステップに従ってまとめられている．

図 3.1 統合の概要

3.1 統合を率先する

ガイドとなる質問

・組織は統合の決定をどのように下しますか？

・決定プロセスにおけるリーダーシップの重要性はどういったものです
　か？

・統合のための事業ケースの検討事項は何ですか？

■ 概　　観

　統合するリーダーシップの意思決定は，組織上の必要性，戦略的又は運用上
の必要性，マネジメントシステム規格の実施における成熟度など，さまざまな
属性に基づいて行うとよい．規格の要求事項を理解し，利益を実現し，組織に
とっての影響を考慮することも，この決定と統合プロセスでとられる方向性に
とって重要である．

　統合的アプローチをとる経営層の意思決定のタイミングは，組織によって
異なる可能性がある（表3.1参照）．組織によっては，規格を実施する前にま
ず，このコミットメントを確立する［例えば，シナリオ(3)(a)］．すでに実施
されている規格の改訂要求事項を扱った後を，統合の機会であると理解する組
織もある．これらの組織のいくつかでは，統合の意思決定は，確立された一般
的なマネジメントシステム規格に加えて，セクター規格を適用した後に行う可
能性もある．統合の意思決定は，新しい規格が追加の組織機能［例えば，シナ
リオ(3)(c)］に影響を及ぼすか，又は別の利害関係者［例えば，シナリオ(3)
(b)］に焦点を合わせるときにも行う可能性がある．

　組織内で新しい規格を統合するプロセスは，戦略的な問題であるばかりでな
く，運用上の必要性もあり得る．ここには，正しいアプローチ又は誤ったアプ
ローチがあるという示唆ではない．典型的には，利害関係者の要求事項又は認
知された組織上の要求が，規格を採用する根拠となる．多くの場合，これらの
要求事項又はニーズを満たすために複数の規格が必要であり，実施の効率性及

び有効性は統合的アプローチの推進力である.

　認識された目標と比較される組織の現実や状況を理解することは，戦略を決定する観点から重要である．組織のリーダーシップによる決定は，計画立案，資源，説明責任，モニタリング，コミュニケーションを含む方針，方向性，実施手段を提供する.

■アプローチ

　リーダーシップの統合決定において考慮され得る重要な問題には，状況，目的，利害関係者のニーズ及び期待，戦略，並びに戦術的イニシアチブが含まれる．さらに，統合的アプローチを使用する決定の主要な側面は，一般的に，次を含む.

　　・正当性（統合の必要性の証拠）

　　・リスク及び機会（統合の利点／課題）

　　・方向性（統合に関する意思決定・方針）

　調査結果と事例を見ると，複数のマネジメントシステム規格の要求事項を実施する統合的アプローチを支援する便益についての共通のテーマが読み取れる（附属書 B の Q22／163, 164 ページ参照）.

　最終的な便益は，規格における変更された，又は新しい規格の要求事項を吸収できる体系的な統合プロセス，又は顧客／利害関係者に受け入れられたそのプロセスを構築するための組織の能力開発であろう．組織にとっての付加的な利益には，冗長性を排除すること，アプローチの一貫性を確立すること，官僚的運用を削減すること，説明責任を強化すること，プロセスと資源を最適化すること，マネジメントシステムの維持管理を削減すること，評価を統合すること，コストを削減すること，意思決定を促進すること，及びパフォーマンスを改善することが含まれる（表 3.2 を参照）.

3.1 統合を率先する　　79

表 3.2 統合の便益

便　益	説　　明
冗長性の排除	複数のマネジメントシステム規格を実施する統合的アプローチは，共通又は単一のマネジメントシステム構成要素，すなわち，方針及び目標，プロセス及び資源をもたらすことができる．例としては，研修，文書管理，マネジメントレビュー，内部監査，改善などの分野における単一の手順があげられる．マネジメントシステム規格の要求事項は，共通の意図及び意味をもつことがあるが，それらは異なる語句で表現されることがある．組織の根底にあるアプローチが，意図を理解し，要求事項をそのプロセスと比較する際に一貫している場合，結果はより効果的で効率的なマネジメントシステムとなり得る．組織ですでに実施されているものに，新しいマネジメントシステム規格を関連付ける際には，複数の文書や手順を作成したり，新しい資源を追加したりすることを避けるべきである．
整合性の確立	統合的アプローチを用いることにより，マネジメントシステムの整合性が促進される．このシステムはいまや複雑でなく，組織のすべての人々に，よりよく理解されている．組織にとって重要な共通の目標を達成することに焦点が置かれている． 整合性は，次の事項に反映される． 　・方針及び方向性のコミュニケーション 　・意思決定 　・組織の優先順位の設定 　・測定及び監視 　・資源の活用 　・プロセス，手順及び慣行の実施 　このアプローチは，組織のすべての階層，機能及び拠点で使用するための，一貫した枠組みを提供する．
官僚的運用の削減	官僚的運用を削減するという考え方は，冗長性を排除することに密接に関係している．複数の MSS の増殖は，意思決定を合理化する組織，又は職位階層の削減を試みる組織にとって，経営上の矛盾を生み出す可能性がある．いかなる変更や新たな要求事項にも対処又は吸収できるプロセスによる体系的なアプローチは，官僚的運用を削減することで組織に付加価値を意味する．責任と説明責任を割り当てられた組織横断チームを伴ったプロセスオーナーの設置は，意思決定及びその展開の障壁を解消する効果的なアプローチの一つである．
説明責任の強化	マネジメントシステムの目標，プロセス及び資源を統合することによるもう一つの効果は，説明責任の改善であろう．
コストの削減	プロセス及び資源の最適化ばかりではなく，維持管理の削減，監査及び評価の強化がコスト削減に寄与できる．

表 3.2 （続き）

便　益	説　明
プロセス及び資源の最適化	マネジメントシステム規格の要求事項は，組織への付加的な重しになるのではなく，むしろ，顧客，利害関係者及び組織要求を組織のプロセスに円滑，かつ効果的に導くための駆動輪となり得る．今日では，資源は，システム維持の追加的なものよりもプロセスの実施と付加価値に焦点が当てられているため，最適化することができる．改革は，組織が自らについてより多くのことを学び，その経営基盤を規格要求事項と比較することによって強化される．最適化は，例えば，それぞれの規格に代わって要求事項又はマネジメントレビューを特定するための共通のプロセス，又は訓練のために統合された資源の使用がある場合に達成される．
維持管理の削減	維持とは，コンプライアンスを確保し，マネジメントシステム規格の要求事項の意図を支持することをいう．複数の規格のコンプライアンスを同時に維持する必要がある．統合的アプローチは，プロセスを合理化し，組織が複数の個別のシステムを維持するよりもむしろ，その改善の努力を集中させることを可能にする．これは，情報システムの維持管理において特に重要である．別の例では，単一の内部監査手順の維持，それぞれの規格に関して個別の手順と対比した統合的アプローチの一部としての維持である．
監査及び評価の統合	統合マネジメントシステムを基盤とする場合，組織は内部監査及び／又は評価を統合することができる．その結果，作業の中断が少なくなり，内部監査又は評価に必要な時間が短縮される可能性がある．プロセス間の相互関係はより理解され，管理されており，より深く掘り下げた監査や評価につなげることができる．異なるマネジメントシステムの監査又は評価は，それらの結果に対する職務上の対応を促し，多くの場合，それらの結果は，プロセス間のつながりを明確にしない．統合的アプローチでは，マネジメントシステム監査及び／又は評価は，プロセスのつながりを高い優先順位として位置付けて，しばしば重大なシステムの不適合を明確にする．
意思決定の促進	冗長性を排除し，一貫性を確立することによって，組織は，職務上のニーズ及び事業のパフォーマンスの視点をより完全に把握する．この統合的アプローチにより，組織は職務と部門の壁を壊し，コミュニケーションと意思決定を改善することができる．
パフォーマンスの改善	マネジメントシステム規格の統合利用は，品質，安全，リスク，生産性など，特定のマネジメントシステム構成要素や結果にプラスの影響を及ぼす可能性がある．

■パン職人のジム

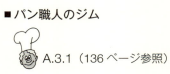 A.3.1（136ページ参照）

■事　例

Bosch 社[20]

　Bosch 社は，マネジメントシステム規格が実施された後に統合することを決定した．

Waiward Steel 社

　Waiward Steel 社のリーダーシップチームは，IMS 方針マニュアルの中で，複数のマネジメントシステム規格をサービス提供戦略に不可欠なものとして合理化する理由を次のように述べた．

Waiward 社は，既存の健康，安全，環境，品質のマネジメントシステムを，一貫性のある統合マネジメントシステム（IMS）として統合している．当社の HSEQ の方針，目標，義務をよりよく管理し，実施するために，単一の統合マネジメントシステムを構築することは，事業上，理に適っている．

Orbital 社

　"達成するための規格は何ですか？" という調査質問に対する Orbital 社の回答は，次のようである．

当社が ISO 9001，ISO 14001 及び Achilles UVDB Verify の認証を取得しない限り，クライアントは当社とは取引しないであろう．

---

[20] 編集注　事業内容：産業・民生機械・機器製造・販売，本拠地：ドイツ

> **演習問題**
> ・実利を達成する機会と相乗効果は自組織のどこにありますか？
> ・大きなコストにつながる主要な課題は何ですか？
> ・主要な課題は大きなコストにどのようにつながりますか？
> ・何が優先順序ですか？

3.2 統合範囲を決定する

> **ガイドとなる質問**
> ・どの規格を実施しますか？
> ・どのような順序で規格を実施しますか？
> ・統合は組織機能やマネジメントシステムにどのような影響を与えますか？
> ・どの程度の強さで，あるいはどの程度の深さで，組織におけるマネジメントシステムの異なる構成要素を統合しますか？

■ **概　観**

　意思決定を行い，複数の規格の要求事項をマネジメントシステムに統合するというコミットメントを確実にすると，組織のトップマネジメントは統合プロセスの適用範囲を定めることになる．これは，既存のマネジメントシステムにおける統合の及ぼす影響を判断するばかりではなく，実施すべき特定の規格，関係する時期及びその他の課題を明らかにすることを意味している．

　本ハンドブックで取り上げるケーススタディの組織は，異なる順序で，また，プロセス，目標及びマネジメントシステムに使用される資源の間での異なる統合レベルで，異なる規格を適用している．このことは，それぞれの組織において，最も適切な統合範囲の選択が多種多様であることを示している．

　統合される規格の選択及び実施順序は，組織の優先度と利害関係者の要求を

含め，多くの課題に依存している．組織には，利害関係者からの要求に対する，ある特定の規格の要求事項を順守しなければならない状況があり，したがって，最初にこの規格を実施することになる．

一方，組織の部門領域又は組織全体の領域におけるパフォーマンスの改善を求める内部の積極的な動きは，マネジメントシステム規格の活用につながり得る．事例はまた，特定の利害関係者からの圧力がなくても，より優れた有効性と効率性を組織が求めることによって，統合に着手したことを示している．

さらに，統合の組織的側面は，統合のために選択されたマネジメントシステムの具体的な目標，プロセス及び資源，それぞれの場合におけるそのような統合の強さ，並びに統合によって影響を受ける階層レベル，製品及び拠点を含めて，この時点で決定される必要がある．いくつかの組織は，すべてのマネジメントシステム構成要素の完全な統合を選択するかもしれない．厳密でないアプローチを選択する組織もある．

■アプローチ

新しい規格の実施の推進は，外部の課題と事業環境を認識する力によるものである．さらに組織は，実施を要求又は創出する内部のメカニズムを検討する必要がある．

推進力のうちのいくつかは，一つ又は複数の次の要素から生じ得る．

　・顧客要求事項：期待，ニーズ又は市場の機会
　・内部のニーズ又は組織の価値：組織の効率性又は有効性を改善する機会
　・規制：コンプライアンスを要求又は勧告する規制機関，あるいは，政府
　　機関による新規の又は既存の立法上又は行政上の要求

次のような質問は，組織がそのマネジメントシステムの統合の影響を決める際に役立つ（附属書 B の Q12.1，Q12.3，Q21，Q31，Q32／152，156，162，171 ページ参照）．

　・だれが統合の影響を受けますか？
　・どのような条件，組織領域，プロセスが関係しますか？

・どのような文書化した情報が統合されますか？
・資金調達を含めて，統合プロセスと部門固有プロセスの資源は，どのように提供されますか？
・組織のどの部分が統合によって影響を受けますか？
・どの拠点と製品が影響を受けますか？
・統合が実施され，完了するのはいつですか？

組織の規模やマネジメントシステムの適用範囲に応じて，段階的に，あるいは，組織全体ですぐに実施してもよい．

■パン職人のジム

A.3.2（136ページ参照）

■事　例

Reliance Hexham 社

Reliance Hexham 社は，三つの規格，すなわち，ISO 9001, ISO 14001 及び労働安全衛生に関するオーストラリア／ニュージーランド規格（AS/NZS 4801）を実施した．"規格をどのような順序で実施しましたか？"という調査質問に対する回答は，次のようであった．

```
9001, 4801, 14001
```

FCC Construction 社

同調査への回答において，FCC Construction 社は，例えば，UNE 166001（改革，研究・開発）のようなセクター規格や国家規格ばかりではなく，ISO 9001, ISO 14001 及び ISO 50001 を含めた 14 の実施済みの規格を一覧にした．"規格をどのような順序で実施しましたか？"という調査質問に対する回答は，次のようであった．

3.2 統合範囲を決定する　　　　85

9001, 14001, Madrid Exelente, 18001, 10005, 166001 R&D, 14064-1 GHG, 27001, 31000, 50001, 139803, 17001, 73401, 15896

CEPSA 社

"組織のマネジメントシステムに統合されている外部の ISO 規格又は非 ISO 規格は何ですか？"という調査質問に対する CEPSA 社の回答は，次のようであった．

規格（一覧）

　・ISO 9001，ISO 14001，ISO/TS 16949，ISO 50001

さらに（いままで統合されていない）：OHSAS 18001（全事業所で展開），FSSC 22000（ISO 22000），ISO/IEC TS 17027（研究所），ISCC/RBSA（バイオ燃料の持続可能性），EFR（家族にやさしい企業），SIGES（健康経営）

規則（一覧）

EMAS，PECAL 2120（スペイン国防省），海上ターミナルでのサービス及び環境パフォーマンスの品質（スペイン国港），EN-13924/EN-12591/EN-13808/EN-14023（アスファルト CE マーク）

どのような順序で規格を使用しましたか？

　第 1 位：OHSAS 18001，ISO 9001，ISO 14001

　第 2 位：ISO 50001，EMAS，ISO/TS 16949，PECAL，海上ターミナル，ISCC/RBSA，アスファルト CE 表示

　第 3 位：（その他）

演習問題

　・どの規格を統合し，どこから始めますか？

　・自組織のどこで適用するのが適切ですか？

　・チームには何人が必要ですか？

　・その他，どのような資源が必要ですか？

　・どのくらい時間がかかりますか？

3.3　統合を計画する

ガイドとなる質問

　・プロジェクト計画の立案によって，どのように立ち上げて統合を管理しますか？

　・統合のためのプロジェクト計画要素は何ですか？

　・どのように－いつ－どこで－だれが統合を達成しますか？

■概　　観

　組織が適用範囲を確立すれば，関連するリスク及び機会を含めて統合を計画する必要がある．これを成功裡に達成する方法は多数あるが，多くの組織はプロジェクトアプローチを用いて統合に成功している．このアプローチは，組織の統合の成熟度にかかわらず，組織にとって有用なものである．

　例えば，統合プロセスに着手したばかりの組織は，既存のマネジメントシステム規格の適用を統合するプロジェクトに取りかかれば，より効果的で，かつ効率的に開始することができる．一方，統合をすでに達成している組織も，このアプローチを利用して，統合マネジメントシステムに新しい規格を適用することができる．

3.3 統合を計画する 87

■アプローチ

成功したプロジェクト計画の典型的な特徴は，次のとおりである．

- **所有者**：だれがプロジェクトを所有するのか？ 組織から，特定された個人であり，プロジェクトを立ち上げ，実施する責任を負う．
- **プロジェクト委員会**：作業を完成させるための技能，知識，能力を有する個人で構成される部門横断チーム
- **プロジェクトリーダー**：改善プロジェクトの経験者でなければならない．所有者と同じ人物であってもよいし，そうでなくてもよい．
- **コミュニケーション戦略**：組織の認識と戦略的方向性のある整合性．組織がどのようにコミュニケーションをとるかは，組織構造，従業員数，拠点の数や場所などに依存する．
- **リスク及び機会**：統合プロジェクトに関係する．
- **資源**：有能な人員及び適切な施設を含む，システムへのアクセス，情報，原材料と設備の支援
- **統合活動**：割り当てられた役割と責任を伴った詳細なステップ，及びプロジェクト目標の実現に必要なスケジュール．本章及び該当する章で述べるステップは，次のとおりである．
  - 統合範囲を適応させることになるマネジメントシステムモデルを定義する，又は設計する（3.4.1 項／90 ページ）．
  - マネジメントシステムに統合される規格要求事項を体系化する，又は設計する．例：独自の要求事項に対する共通の要求事項（3.4.2 項／94 ページ）
  - 組織の定義されたマネジメントシステム（プロセス）に対して，規格要求事項をマップする，又はつなげる（3.4.3 項／98 ページ）．
  - 適合と統合のレベルを明らかにすること，又は要求事項を満たす組織のプロセスがないことを含め，ギャップを分析する（3.5.1 項／104 ページ）．
  - ギャップを解消する（3.5.2 項／109 ページ）．

- ・新しいプロセス／手順が必要か？
  組織のマネジメントシステムに統合する．
- ・既存のプロセス／手順を変更する必要があるか？
  組織のマネジメントシステムと整合をとる．
- ・理解不足を含め，実施や統合の失敗はあるか？
  失敗した場合の是正処置は，組織のマネジメントシステムがどのような影響を受けるか，どのように改善されるかに焦点を当てる．
◦ ギャップが解消したことを検証する（3.5.3 項／113 ページ）．
  是正処置の有効性を監視する．
◦ 主要なプロセス指標を決定し，パフォーマンスと進捗状況をレビューすることで，監視し，測定し，継続的な改善を行う．マネジメントレビューは，進捗状況を把握し，計画を策定／方針を調整するうえで重要である（3.6 節／116 ページ）．
◦ より効果的，かつ効率的な統合の機会を特定し，実現することにより，学習に焦点を当てる（3.7 節／120 ページ）．

■パン職人のジム

A.3.3（137 ページ参照）

■事　例
Waiward Steel 社
　Waiward Steel 社の統合計画に関する活動内容は，次のようである．

- ・IMS への移行を推進する上級管理者である Waiward 社の COO は，当初，MSS の重複の観点からむだをなくし，Waiward 社の競争力を高めるための道筋を打ち出した．
- ・Waiward 社が IMS への道筋をたどり始めるまでに，同社は，長年

ISO 9001 と，Alberta 製造業者の安全衛生協会の COR，Alberta 構造安全協会の COR の認証を取得していた．

・この三つのマネジメントシステム（及び組織の MSS）を，OHSAS 18001 及び ISO 14001 に準拠した IMS と統合する計画であった．

・COO は，本社の HSEQ マネージャーのもとで IMS チームが本業務を遂行するよう，その責任を与えた．

Reliance Hexham 社

"統合のメリットは何ですか？" という調査質問に対する Reliance Hexham 社の回答（抜粋）は，次のようである．

（…）新しい規格との統合と上位構造（HLS）への更新により，システムの合理化が図れる．

UNAM

UNAM の研究所は，統合のために次の 10 段階の "ステージ" を使用した．

ステージ1　コミットメントする

ステージ2　状況の分析

ステージ3　プロセスの明確化と分析

ステージ4　マネジメントシステムの意図の解釈

ステージ5　システム要素の文書化

ステージ6　システムの訓練，普及及び理解

ステージ7　品質システム要素の実施

ステージ8　実施の妥当性確認

ステージ9　品質保証

ステージ10　認証，認定の取得

演習問題

　・統合を達成する計画はどのようなものですか？

　・資源はどこからきますか？

　・このプロジェクトはだれが主導しますか？

　・何がプロジェクト計画の要素ですか？

　・どの特定の問題が解決できますか？

　・だれに計画を伝えますか？

3.4　マネジメントシステム規格の要求事項と組織のマネジメントシステムを結びつける

3.4.1　マネジメントシステムを構築する

ガイドとなる質問

　・どのモデルが自組織に適していますか？

　・マネジメントシステム規格の要求事項を統合するために，マネジメントシステムのプロセス，資源及び目標をどのように編成していますか？

　・組織のマネジメントシステムを特定のマネジメントシステム規格に適応させるために，どのようなツールを使っていますか？

■概　　観

　規格の要求事項を組織のマネジメントシステムとつなげる最初のステップは，組織の異なるプロセス，資源及び目標の間の関係を考慮することである．これは，利害関係者のニーズばかりではなく，支援プロセスを伴った製品・サービス実現プロセスとの結びつきを理解することを意味する．この理解のもと，組織は自組織のマネジメントシステムに規格の要求事項を統合することができる．

3.4 MSS の要求事項と組織の MS を結びつける　　91

　上述のようにして，確立されたマネジメントシステム構造は，マネジメントシステムを明確にし，文書化するための基礎を提供する．さらに，組織のマネジメントシステムに対する規格の関係は，この構造を用いて記述することができる．プロセス，資源及び目標は対応する手順及び他の文書で扱うことができる．本節で紹介する事例は，異なる組織がどのようにマネジメントシステムを記述し，文書化しているかを示している．

■アプローチ

　各組織は，独自の方法でマネジメントシステムを構築することができる．組織の中には，特定の基準に存在する異なるモデルやアプローチを適応させたり，組み合わせたりすることによって"統合マネジメントシステムモデル"を展開するものもある．例えば，ISO 9001，ISO 14001 の"プロセスアプローチ"又は"Plan － Do － Check － Act サイクル"のアプローチがあげられる．他の組織は，プロセスマップの助けを借りて，組織のマネジメントシステムを理解した後，異なる規格要求事項を結びつけている．特徴的な事例のすべてに共通しているのは，統合の基礎として，構造化された単一のマネジメントシステムを採用している点である．しかし，組織が単一のマネジメントシステムをどのように構築したかには，ばらつきがあった．最も重要な点は，すべてのアプローチが，組織の根底にあるシステムに対する理解と焦点を合わせることによって推進されたことである．

　組織は，相互に関連する一連のプロセスを通じて，その活動，資源及び目標を管理する．組織はこの統合されたプロセスに関連付けて，結びつけることによって，複数の規格の要求事項を扱うことができる．多くの場合，組織のプロセス，すなわち，基礎となるシステムに対して要求事項をマッピングすることによって，関係付けが決められていた．製品・サービス実現プロセスは，マネジメントシステムの不可欠な，いわば支柱であるため，統合の基礎として一般的に使用されている．さまざまなケーススタディは，統合におけるプロセスアプローチの使用を例示している．

■パン職人のジム

A.3.4.1（138 ページ参照）

■事　例

UNAM

　UNAM の研究所のマネジメントシステム構造の例示は，次のようである．

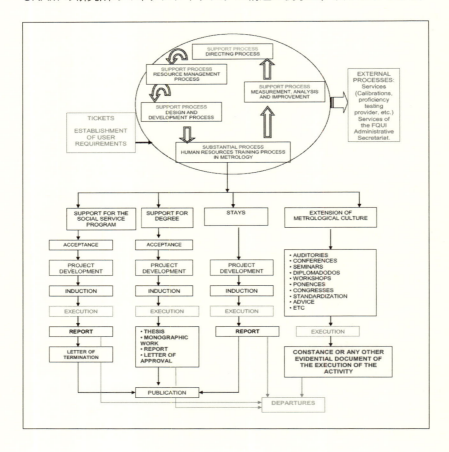

CEPSA 社

労働安全衛生，環境，品質，エネルギー（HSEQE）の管理における CEPSA 社のマネジメントシステム構造を次に示す．CEPSA システムの構造は，マネジメントシステムの四つの主要な組織要素を詳細に説明し，これらの組織要素とそれらのプロセスとの間の相互関係を例示している．具体的には，CEPSA 社は"管理責任"（目標），"製品実現"（プロセス），"資源管理"（資源）及び"測定，分析，改善"（パフォーマンスフィードバック）を含むように，そのマネジメントシステムを詳述している．

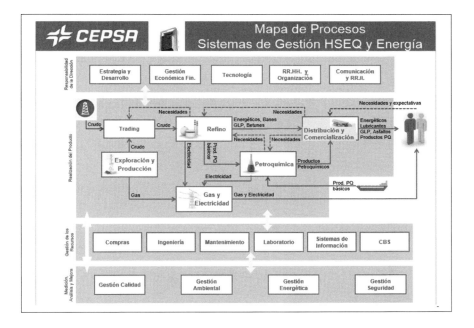

FCC Construction 社

FCC Construction 社のマネジメントシステム内のプロセスの 8 グループの例示は，次のようである．

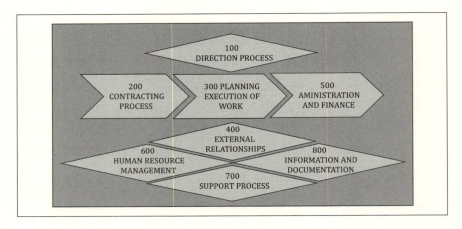

演習問題
- 自組織のマネジメントシステムは，どのように構築されていますか？
- 現行のマネジメントシステムには，規格要求事項が含まれていますか？
- 複数の規格要求事項を自組織にどのように統合していますか？
- どのような構造が自組織のMSへの統合的アプローチを可能にしますか？
- 統合を達成するために，現在の構造に変更が必要ですか？

3.4.2 マネジメントシステム規格の要求事項を体系化する

ガイドとなる質問
- マネジメントシステム規格要求事項の共通性をどのように分析できますか？
- いくつかの特定の規格要求事項は統一できますか？
- 共通性を有するが同一ではない要求事項をどのように統合できますか？

3.4 MSSの要求事項と組織のMSを結びつける

■ 概　観

マネジメントシステム構造を明確にした後，組織は，統合されるマネジメントシステム規格の要求事項を分析する必要がある．これらの要求事項は，一つ又は複数の規格に由来するものであってもよい．

規格要求事項の分析は，最初に，マネジメントシステムにおいてすでに確立されている要求事項と新しい規格の要求事項を比較することによって達成される．その後，目標，意味，内容を共有すると認められた要求事項（例えば，目標，内部監査，マネジメントレビュー）をマネジメントシステムに組み込む．

これらの要求事項は，ISOマネジメントシステム規格に関する同じ箇条の表題（ISO/IEC専門業務用指針 第1部，箇条SL.9を参照）のもとで見つけることができる．

規格に特有と思われる要求事項（例えば，ISO 9001の"7.1.6 組織の知識"，ISO 50001の"4.4.5 エネルギーパフォーマンス指標"，ISO 45001の"8.1.4.3 外部委託"）についても取り上げ，マネジメントシステムに含める必要がある．

新しい規格が実施又は変更されるたびに，組織は共通性の要求事項を分析し，それらをマネジメントシステムに組み込む必要がある．新しい又は変更された要求事項の統合は，マネジメントシステムのプロセス，資源及び目標に変化をもたらす可能性がある．しかし，これは，マネジメントシステムの基礎的な構造を変えるものではない．

要求事項が共通か独自かを明らかにすることは，効果的，かつ効率的な統合的アプローチを進めることになる．その分析の間に解決する必要のある問題は，独自の又は特定の要求事項ばかりではなく，組織が共通の要求事項に対応するプロセスを有しているかどうかである．共通性の分析は，組織が効率を改善し，冗長性を排除することを可能にする．特定又は独自の要求事項の分析は，これらの要求事項に対応し，組み込むためのプロセスを組織が有することになる．

■ アプローチ

組織は，マネジメントシステム規格の要求事項の構造に異なる方法を適用している．一般的に，次のステップを使用することができる．

・目標，用途，状況，内容を含む，組織内で実施される規格を理解する．
・組織で適用される要求事項を決定する．
・組み込まれる複数の規格の要求事項の共通性を決定する．表題が類似か，共通又は全く同一である規格要求事項の箇条は，共通性を識別するための出発点になり得る．
・意図は共通であっても，内容が同一ではない要求事項を調和させる方法を採用する．差異がある場合，組織は，要求事項を統合するための基礎として，最も包括的な又は最小の共有レベルの詳細さのいずれかを組み込むことを決定する必要がある．
・マネジメントシステム構造に共通性があると認められる要求事項を組み込む．
・規格全般にわたって，組織の部門又は領域に特定のの要求事項を列挙する．
・マネジメントシステム構造に，識別された特定の要求事項を結びつけて，組み込む．

■ パン職人のジム

 A.3.4.2（139 ページ参照）

■ 事　例

Plexus Corp 社

　Plexus Corp 社は，マネジメントシステム規格の要求事項の間で共通性を分析するために"規格と規格の比較ツール"を使用している．

Standards Traceability List			Related Items in QMS Requirements Traceability List			
Select	Standards	Clause Heading	Standards	Clause Heading	Applicable Policies and Procedures	Please Approach
			AS9100C Rev. 2009	04 Quality Management System (Title)		
			AS9100C Rev. 2009	05.6 Management Review (Title)		
	ISO 9001:2015	04 Context of the organization (Title)				
	ISO 9001:2015	04.1 Understanding the organization and its context	AS9100D Rev.2016	04.1 Understanding the organization and its context	5 - CP 10000 - Corporate Policy on Quality Environmental Health and Safety Management - ENS & MFG	AS9100 requirements are satisfie Refer to ISO9001:2015 clause 4.)
	ISO 9001:2015	04.2 Understanding the needs and expectations of interested parties				
	ISO 9001:2015	04.3 Determining the scope of the quality management system	ISO 9001:2008	04 Quality Management System (Title only)		
	ISO 9001:2015	04.4 Quality management system & its processes (Title)	ISO 9001:2008	05.6 Management review (Title)		
	ISO 9001:2015	04.4.1 Quality management system and its processes				

Informatica El Corte Ingles 社

"組織のマネジメントシステムを統合することで，どのような教訓や課題が見つかりましたか？"という調査質問に対する Informatica El Corte Ingles 社の回答は，次のようである．

> 附属書 SL の前は，統合 MS に含まれるそれぞれの規格のありとあらゆる要求事項の検討には，注意深くしなければならなかった．最終的には，最も厳しい規格（当社の場合は，ISO/IEC 27001）の要求事項を満たさなければならない．

UNAM

UNAM は，規格の要求事項とマネジメントシステムの"活動"との相関関係を計画の中で示した．その中には，人々の"責任""予定""コミュニケーション方法""成果物"が含まれている．

第 3 章　MS への MSS の要求事項の統合

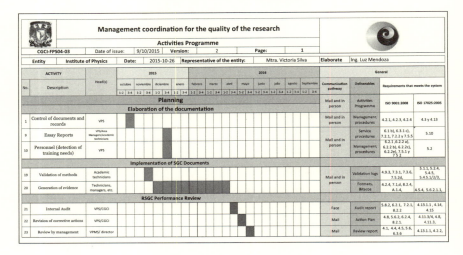

> **演習問題**
> - 自組織で適用される必要のあるマネジメントシステム規格の要求事項は何ですか？
> - 既存の規格又は新規の規格の要求事項との共通性をどのように判断しますか？
> - 組織は共通性をもつ要求事項をどのように組み込みますか？
> - どの要求事項が規格で扱われる組織領域又は部門に特定のものですか？
> - マネジメントシステムにそれらをどのように組み込みますか？

3.4.3　マネジメントシステムに対するマネジメントシステム規格の要求事項をマップする

> **ガイドとなる質問**
> - 自組織の既存のマネジメントシステムに規格要求事項をどのように結びつける，又は組み込んでいますか？

・規格要求事項は組織のプロセス，資源及び目標に，どのように影響を与えていますか？

・マッピングから明確にすることができる統合の機会は何ですか？

■ 概　　観

　組織にとっての課題は，規格要求事項がそのマネジメントシステムにどのように合致するかを理解することである．答えるべき別の更なる質問は，規格に適応するようにマネジメントシステムを修正することによって価値を付加できるかどうかである．したがって，マネジメントシステムのプロセス，資源及び目標に対する規格要求事項を分析する必要がある．この分析をマッピングと呼ぶ．マッピングは，組織内の個別の規格に焦点を当てたシステムの構築を排除し，不必要な冗長性を最小にし，相乗効果を最大にするのに役立つ．

　組織のマネジメントシステムに対する規格要求事項のマッピングは，新しい規格が組織に統合されるたびに行われるべきである．このステップは，統合活動の成熟度や統合の範囲にかかわらず，すべての組織に等しく役立つ．二つ以上の規格の要求事項が同時に統合されている状態では，マッピングは，これらの規格間の共通性の決定，及び組織のマネジメントシステムにおけるプロセスへの統一に焦点を当てることによって，効率的なアプローチを提供する．

　この例は，組織が複数の規格の要求事項に応じて個別のマネジメントシステムを構築している場合に，マッピングの使用が重複を明らかにできることを示している．マッピングは，追加の規格の要求事項を理解し，統合しやすくするので，組織のマネジメントシステムへ複数の規格の要求事項を統合している組織ばかりではなく，すでに一つに統合されて規格だけを実施している組織にとっても有益である．

　組織は，異なる視点と目標から始めるることができる．一般に，組織のプロセスはマッピングを推進し，組織に提供される価値と同様の結果をもたらす．焦点は次の点にある．

　　・付加価値のないプロセスの検出

- プロセスの冗長性の識別
- 最低限に必要な次のプロセスの決定
  - 規格要求事項を満たす.
  - 事業を行う.
- 規格要求事項の共通性のレベルの確立
- 新しい規格要求事項があるかの次の事項の検討
  - 既存のプロセスですでに扱われている.
  - 既存のプロセスの適応で対処できる.
  - 新規のプロセスの追加が必要である.
- 組織のマネジメントシステムに，さらに規格要求事項を統合する可能性の分析

■アプローチ

　組織のマネジメントシステムに対するマネジメントシステム規格の要求事項のマッピングには，多くの方法がある．本ハンドブックに掲載された各組織は，状況や統合の目標に応じて，最も適切と判断したアプローチを選択している（附属書 B の Q17／160 ページ参照）.

　いくつかの組織は，マトリックスアプローチを使用している．この方法は，マネジメントシステムに対して組織に組み込まれる規格の要求事項をマトリックスに配置し，続いて，各要求事項とマネジメントシステムの各構成要素との間の関係を示すことを意味する.

　他の組織は，マネジメントシステム構造の上部に共通の要求事項を重ね合わせ，次いで，特定の要求事項をマネジメントシステムの対応する構成要素につなげることによって，この二つをつないでいる.

　使用されるアプローチにかかわらず，組織は，マネジメントシステムにおける要求事項に及ぼす影響を明らかにし，それらをより効果的，かつ効率的に統合するために，このマッピングを実行している.

　一例として，マネジメントシステム(MS)のプロセスに対してマネジメント

3.4 MSS の要求事項と組織の MS を結びつける

システム規格（MSS）の要求事項をマッピングするためのマトリックスアプローチを図 3.2 に示す．このようなマッピングには，要求事項と組織のプロセスの両方の知識を必要とする．これはしばしば，プロセスオーナーの考えと判断による協力が必要である．要求事項及び影響を受けるプロセスの両者における，統合の可能性の決定は特に重要である．組織はその後，新規の又は既存の規格要求事項のどちらかを適用する際の，組織のマネジメントシステムの現在の状態を評価するためのツールとしてマトリックスを使用することができる．

下記のマトリックスでの横となる行は，共通性を有し，同一か類似のプロセスに影響する要求事項の一覧である．

縦となる列は，冗長に対して真に必要なプロセス，手順及び他の資源を識別する．

マトリックスの例については，図 3.2 を参照されたい．

図 3.2 MS プロセスに対する MSS 要求事項をマッピングするためのマトリックスアプローチ

■ パン職人のジム

A.3.4.3（139 ページ参照）

■ 事　例

SunPower Corporation 社

"組織のプロセスと ISO 又は非 ISO MSS の要求事項との関連性をどのように示しましたか？" という調査質問に対する SunPower Corporation 社の回答は，次のようである．

> 要求事項は EHSQ マニュアルの箇条に組み込まれ，高いレベルのプロセスは，適切な箇条で相互に参照される．

FCC Construction 社

FCC Construction 社のマネジメントシステムに対して，規格要求事項をマッピングする同社のアプローチの例は，次のようである．

\multicolumn{2}{c}{Procedimiento}	\multicolumn{5}{c}{Referencias a los distintos epigrafes de las normas indicadas}	Otros procesos de gestión
Ref. PR-FCC	Título	UNE-EN ISO 9001:2015	UNE-EN ISO 14001:2015	UNE-ISO-IEC 27001:2014	UNE 166002:2014	OHSAS 18001:2007	
100	Manual de gestión de la calidad	4, 4.1, 5	4, 4.1, 5	4.2.1 ,5, 7.1	4, 4.1, 5, 7.4	4	
120	Organización general y funciones	5.3 , 7.1, 7.4.2	5.3, 7.1, 7.4.2	5.3, 7.1, 7.4.2	5.3, 7.1	4.4.1, 4.4.3	
130	Informes para la Dirección	9, 9.1, 9.3	9, 9.1, 9.3	9.3	9.3	4.5	
140	Análisis y mejora de actuaciones	9.1.1, 9.1.3, 10	9.1.1, 10	10.2	10.2	4.5.1, 4.5.3	
150	Gestión de riesgos en contratación y ejecución	6.1.1, 6.1.2., 6.1.3, 6.1.4	6.1.1, 6.1.2., 6.1.3, 6.1.4	6.1.1, 6.1.2., 6.1.3, 6.1.4	6.1		X
200	Preparación y seguimiento de ofertas						X
210	Concesiones						X
303	Gestión del contrato	8.1 8.2	6.1.2., 6.1.3, 6.1.4			4.3.1 ,4.3.2	
304	Desarrollo y control del diseño	8.1, 8.3	8.1			4.4.6	
305	Control de la documentación en obra	7.5, 7.5.2	7.5, 7.5.2	7.5	7.6	4.4.5 ,4.5.4	
306	Organización de obra	7, 7.1	7, 7.1	7.5	6.1, 8.1	4.4.1	
307	Planificación técnica	8.1					
308	Plan de calidad	8.1					

3.4 MSS の要求事項と組織の MS を結びつける　　103

Waiward Steel 社

Waiward Steel 社は"統合マネジメントシステムマニュアル"に規格の要求事項とマネジメントシステム構成要素との間の相互関係を示した.

2.3　HSEQ の目標及び標的（ターゲット）

（ISO 9001 の箇条 6.2.1，ISO 14001/OHSAS 18001 の箇条 4.3.3，AISC 201 の箇条 5.1）

演習問題

- 初めの単一の規格要求事項と次の複数の規格要求事項に対する組織のプロセス，資源及び目標をレビューする際，統合の機会はどこにありますか？
- 共通性を有する規格要求事項をレビューする際，組織のプロセス，資源及び目標はこれらの要求事項をどのように満たしていますか？
- 上記の質問に続いて，共通性によって影響を受ける，異なる組織部門間の統合の度合は，どの程度になりますか？
- 規格特有の要求事項をレビューする際，どのプロセスが影響を受けますか？
- 上記の質問に続いて，新しいプロセスがもし必要とされるならば，どのようにして，これらの要求事項を組織のマネジメントシステムにもっともよく統合することができますか？

3.5 組織のマネジメントシステムにマネジメントシステム規格の要求事項を組み込む

3.5.1 ギャップを特定し，分析する

> **ガイドとなる質問**
> ・組織のマネジメントシステムで扱われていない規格要求事項はありますか？
> ・規格要求事項と組織のマネジメントシステムとの間のギャップはどこにありますか？
> ・どの程度のギャップですか？
> ・コンプライアンスを達成し，より効果的な統合を達成するために，どの程度の活動が必要ですか？

■ **概　　観**

前節では，マッピングが組織のマネジメントシステムと規格要求事項のつながりをいかにして確立するかを示した．次のステップは，既存のマネジメントシステムと規格要求事項との差の程度を特定し，理解することである．このようなギャップは，適切な方針，プロセス，手順又は実践によって，後に解消することができる．また，要求事項が組織に組み込まれた時点で達成された統合のレベルを評価することも重要である．この分析に続いて，冗長性及び不必要な活動及び資源をさらに最小化することができる．

ギャップの特定と分析は，組織のマネジメントシステムに対する規格要求事項との比較である．これには，組織が決めているプロセス，資源及び目標の理解，並びに要求事項にどの程度応じているかを含んでいる．例えば，組織には規格の要求事項を取り扱う文書があるかもしれないが，その実施は有効ではないか，又は実証することはできない．ギャップを特定し，分析することは，組織のマネジメントシステムにおける統合的アプローチの程度と有効性に関する

3.5 組織の MS に MSS の要求事項を組み込む　　　105

重要なフィードバックを提供することになる．例えば，同じ規格要求事項によって影響を受けるプロセスが重複しているかもしれない．

　組織の関連する資源と目標を含むプロセスを理解し，分析することは，最初の重要なステップである．次のステップは，規格要求事項を組織の製品・サービス実現プロセスと比較し，その支援プロセス及び他のプロセスを加えて，その影響及び関連するリスク及び機会を理解することである．これは，マトリックス図を含むさまざまなツール及び技法を使用することによってできる．

　ギャップ分析は，組織が新しい又は変更された要求事項を採用することを可能にするため，統合的アプローチでは重要なステップとなる．このことは，要求事項が利害関係者によるものか，規格によるものかにかかわらない．

■アプローチ

　組織には，一つ以上の規格の関連する要求事項に対して，さまざまなレベルの順守すべきことがある．例えば，ISO 9001 と ISO 14001 は，品質パフォーマンスと環境パフォーマンスを監視するために，文書化した情報を作成し，保持することをそれぞれ要求している．ISO 9001 と ISO 14001 それぞれの“7.5.3 文書化した情報の管理”をもとに，品質に関する文書化した情報と，環境に関する文書した情報をそれぞれ比較した場合，順守レベルに差のあることに組織は気付くであろう．

　ギャップ分析は，いくつかの重要な問題を解決するのに役立っている．文書化した情報の管理，特に品質や環境の文書化した情報の管理に取り組むために，組織的に実践していることはあるか？　ISO 9001 及び ISO 14001 の要求事項を満たすという文書化の実施は，組織の目標にどの程度適合しているか？組織は，規格要求事項に関連した組織的な実践におけるギャップを容易に特定するために，統合内部監査を活用できるのである．

　組織は，新しい規格又は他の要求事項が導入されるたびに，ギャップを特定し，分析すべきである．二つ以上の規格が同時に組み込まれている場合，組織は統合的なアプローチをとり，複数の要求事項に対して共通又は共同のギャッ

プ分析を行うことができる.

組織が定義したプロセスとそれらのマネジメントシステム規格の要求事項の関係は,ギャップの特定と分析における重要なインプット情報である.さらに,他のインプットは,マネジメントシステム文書,マネジメントシステム規格の要求事項マトリックス及びギャップ分析計画である.ギャップの特定と分析は,定義されたプロセスとマネジメントシステム規格の要求事項の相対的な影響に関する合意のために組織全体にわたる技量と協力が必要となるため,容易な作業ではない.

組織は,マネジメントシステムに規格の要求事項を個別に採用するか,組み込んで,ギャップ分析を行うことができる.より効果的,かつ効率的な方法は,統合システムアプローチによってこれを行うことである.

ギャップ分析は,本質的には,典型的なマネジメントシステム監査及び自己評価に関連した次のステップに従う.

1. マネジメントシステム規格の要求事項を特定し,理解する.
2. マネジメントシステムに関する情報を収集し,検証する.
3. マネジメントシステムの情報と要求事項の適合証拠を比較する.
4. 重複と相乗効果を含めた,次の統合の機会を特定する.
   (a) 異なる規格の要求事項にわたって
   (b) マネジメントシステムの異なる構成要素(例えば,プロセス,資源及び目標)にわたって

ギャップ分析のアウトプット情報は,上記ステップの3と4からの調査結果の報告であり,要約又は詳細な形式のどちらかである.

要約したギャップ分析の報告には,次を含むとよい.

・ギャップ分析の目的

・ギャップ分析アプローチ

・調査結果の要約

・今後の進め方

詳細なギャップ分析の報告には,次を含むとよい.

3.5　組織の MS に MSS の要求事項を組み込む　　　　107

・完了したギャップ分析マトリックス

・分析されたマネジメントシステム規格の要求事項のリスト

・調査されたプロセス

・レビューされた文書化した情報

・人々へのインタビュー

・統合の機会を含む調査結果

・資源及びタイミング計画を含む，ギャップを解消するために必要な行動

ギャップの特定と分析には，明確にされたプロセス及び適用されるマネジメントシステム規格の要求事項の理解と同様に，組織全体にわたる協力が必要となる．組織で定義した製品・サービス実現プロセスは，ギャップ分析を開発するための主流の計画を定義することになる．このアプローチが組織のマネジメントシステムの全体像を設定する．次いで，調達プロセスを定義すること，適合性及び統合の機会に適用可能なマネジメントシステム規格の要求事項のギャップ分析を実施することなど，作業を構成要素に分解できる．調達の例では，契約業務のプロセスにおいて，活発で知識豊富な人的資源が協力には重要になる．

上述した原則の一般的な例が図 3.3 に示されている．

	MSS 要求事項			
	ISO 9001 要求事項	ISO 14001 要求事項	ISO XXX 要求事項	非 ISO XXX 要求事項
プロセス A	赤色	緑色		黄色
プロセス B	赤色	白色	赤色	黄色
⋮				
プロセス X	緑色	黄色	黄色	白色

凡例[21]

▨ 緑色：適合

▨ 黄色：部分的適合，例えば，プロセスは整備されているが，完全には実施されていない．

■ 赤色：不適合又は要求事項を取り扱うプロセスがない．

□ 白色：適用しない．

図 3.3　MSS 要求事項—MS プロセスギャップ分析マトリックスの例

─────────────

[21] 編集注　本書では，次のように表す．緑色：▨，黄色：▨，赤色：■，白色：□

■ パン職人のジム

 A.3.5.1（141 ページ参照）

■ 事　例

MRS 社

MRS 社の"HSE マネジメントシステム"文書の"ステップ 5"の説明（抜粋）は，次のようである．

3.1.5　パフォーマンスの測定及び評価—（ステップ 5）
（…）当社は，当社のシステム及びプロセスの適切性を測定及び評価し，法的参照基準，会社の目標／要求事項を当社のシステム及びプロセスに含める．測定及び評価のための技術には，次を含む．
・適切な監査—内部監査と外部監査

Waiward Steel 社

Waiward Steel 社のギャップの特定と分析に関する活動内容は，次のようである．

・最初の作業には，統合されている五つの MSS のマトリックスの開発，及び Waiward 社が準拠していた IMS マトリックスの箇条を確認するための内部監査／評価の実施が含まれていた（すなわち，当社はギャップ分析を開発した）．

Johnson Controls 社

"Johnson Controls 製造システム（作業フロー）"の例示は，次のようである．

3.5 組織のMSにMSSの要求事項を組み込む

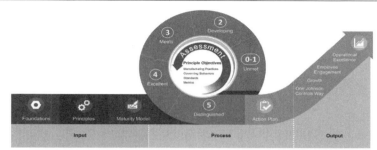

General Workflow Illustration - Johnson Controls Manufacturing System (JCMS)

- JCMSには，世界130か所以上の製造拠点に展開されている特定のワークフローがある．
- JCMSの成熟度モデルは，工場のロードマップとして使用され，現在の製造規範と優れたJCMSモデルとの間のギャップを評価する．

演習問題
- 自組織のプロセスは，単一又は複数の規格の要求事項に，どの程度適合していますか？
- 自組織の目標が複数の規格の要求事項に適合していると，何が有益で，何の役に立ちますか？
- 共通性をもつ規格要求事項をレビューする際，要求事項を満たすために，自組織のプロセス，資源及び目標はどの程度統合されていますか？

3.5.2 ギャップを解消する

ガイドとなる質問
- ギャップを埋めるために，どのような新しいプロセス，資源及び目標が必要ですか？
- ギャップを解消するために，何を修正する必要がありますか？
- ギャップの原因をどのように取り除きますか？
- 共通の是正処置[*22]又は改善処置により，複数のギャップを解消できますか？

■概　　観

組織は，存在するギャップに関する合意とそれらの解消のための計画を必要とする．この計画には，目標と指標を特定することを含めるべきである．識別されたギャップは，規格の要求事項をどのように適用するかの不完全な理解など，失敗の結果である可能性がある．組織には，プロセス間の相互の定義が不十分であることや，規格の要求事項に対応するプロセスの欠如など，より広範な，組織上の問題に関係する体系的な弱点がある可能性がある．規格の統合利用に関する改善の機会もまた存在する．

ギャップの解消における典型的なステップには，次を含むとよい．

- ・是正処置[*22]及び改善処置を決定する．ギャップ分析の調査結果に基づき，影響を受けるマネジメントシステム構成要素を特定し，ギャップを埋めるために必要な処置を決定する．行動の例としては，必要なプロセスと文書化した情報の開発，教育・訓練の提供がある．
- ・是正処置[*22]を実施する．これには，マネジメントシステム規格の要求事項に適合するように，マネジメントシステム構成要素を変更することが含まれるべきである．
- ・改善活動を実施する．これには，複数のマネジメントシステム規格の要求事項又は複数のマネジメントシステム構成要素を単一の構成要素に統合する，例えば，文書化した情報を管理する複数のプロセスを単一のプロセスに統合すること，又は部門特有の方針を統合するなどによって，統合の機会に取り組むことが含まれるべきである．
- ・ギャップの解消に続いて，上記のステップが実施され，時間の経過とともに維持されているかどうかに関する検証が行われる．

■アプローチ

次を含む，いくつかの種類のギャップがある．

a. マネジメントシステムがマネジメントシステム規格の要求事項を完全

[*22] ここでいう“是正処置”には，原因を除去することは含まれていない．

3.5 組織のMSにMSSの要求事項を組み込む

に満たしていない.
  b. マネジメントシステム規格の要求事項に対応するマネジメントシステム構成要素が存在しない.
  c. 統合すると改善される機会がある.

統合的アプローチは,次のとおりである.
  ・組織のプロセスに焦点を当てる.
  ・マネジメントシステム規格の要求事項が新しいか,それともすでに活用されているかについて,マネジメントシステムを評価する.
  ・ギャップを埋める行動を決定する.いくつかの可能性は,次を含む.
    ◦ 新しいマネジメントシステム規格の要求事項を満たすために,既存のマネジメントシステム構成要素(例えば,プロセス,資源及び目標)を改訂する.
    ◦ 既存のマネジメントシステム構成要素を置き換える.
    ◦ 既存のマネジメントシステム構成要素と組み合わせる機会を検討した後,新しいマネジメントシステム構成要素を追加する.

■ パン職人のジム

 A.3.5.2(143ページ参照)

■ 事 例

Johnson Controls 社

Johnson Controls社のギャップの解消に関する活動内容は,次のようである.

> ・問題解決の専門家は,評価プロセスを通じて現地の部門専門家を指導する.最も重要なことは,成熟度の高いレベルに至るまでギャップを解消するための活動計画を開発する工場と協力することである.

UNAM

UNAM 化学学部の計測ユニット（MU）の"品質マネジメントシステムの実施計画"の"ステージ5，ステージ6"（抜粋）は，次のようである.

ステージ5　システム要素の文書化

MU が認証及び認定の要求事項をどのように満たしているかを明らかにする文書が品質マニュアルである．品質マニュアルは，公式な規格である ISO/IEC 17025 の箇条番号に従うことによって構成され，文書全体を通して，ISO 9001 に対応する箇条番号が括弧内に示される．（…）

ステージ6　システムの訓練，普及，理解

研究，技術，管理部門を含む，すべての MU スタッフが考慮される．（…）

Waiward Steel 社

ギャップの解消に関連する Waiward Steel 社の活動内容は，次のようである.

・IMS チームは，ISO 14001 のセクション（Waiward 社はこれまで MS を開発していなかった）を中心に，発見された個々のギャップを埋めるための行動計画を開発した.

演習問題

・自組織では，新しい規格，あるいは，新しい又は変更された要求事項をどのように採用していますか？

・組織は，組織の主要プロセス及び支援プロセスに対するマネジメントシステム規格の要求事項の妥当性と影響をどの程度理解していますか？

・それぞれの要求事項を満足するうえでの組織の適合性のレベルは何ですか？

・ギャップを解消するための計画は何ですか？

3.5.3　ギャップの解消を確認する

> **ガイドとなる質問**
> ・ギャップは解消していますか？
> ・ギャップの解消を検証した方法は何ですか？
> ・ギャップの解消は持続し，一時的なものではないですね？
> ・ギャップの解消が適用される可能性のある組織内の他の分野や他のシステムはありますか？
> ・監視及びマネジメントレビューの方法は何ですか？

■ 概　　観

　組織のマネジメントシステムの経時的なパフォーマンスは，マネジメントシステムが正しく機能しているかどうかの真の指標である．組織の目標に対する結果の先行指標となり得る内部尺度が組織内にはある．組織は，プロセス，資源及び目標，並びに部門間のつながり及び複数のマネジメントシステム規格の要求事項に注視する必要がある．

　ギャップの解消を確認し，改善を維持するために，組織は内部監査とマネジメントレビューのプロセスを通して結果をレビューすべきである．ギャップが解消されたならば，ギャップの解消の処置の継続的な実施とその便益を検証することが重要である．

■ アプローチ

　組織は，ギャップの解消のプロセスを含むリーダーシップが有効に機能しているかどうかを判断するために，内部評価又は外部評価を用いることができる．マネジメントシステム規格の要求事項を評価することで，組織のパフォーマンスレベルと是正処置[23] が有効であるかどうかを判断する際に，重要な手がかりと方向性を得ることができる．是正活動が実施された後，特定された

---

[23] ここでいう"是正処置"には，原因を除去することは含まれていない．

ギャップ及び関連する是正処置[*23]に焦点を当てた内部監査又は自己評価を実施することで，効果的，効率的，かつ完全な実施が確実になる（附属書BのQ26，Q27，Q28／166，167ページ参照）．

■パン職人のジム

A.3.5.3（145ページ参照）

■事　　例

Johnson Controls 社

　ギャップの解消の検証に関連するJohnson Controls社の活動内容は，次のようである．

・ギャップ解消の活動を監視し，追跡し，そして報告する正式なプロセスが整備されている．
・継続的評価のプロセスによって，成熟度のより高いレベルを表す活動の終了と，それに伴う製造規範の達成が検証される．

Waiward Steel 社

　ギャップの解消の検証に関連するWaiward Steel社の活動内容は，次のようである．

・ギャップが解消したので，IMSチームはシステム機能の客観的証拠を得て，内部監査を完了した．
・関連するシステム（ISO 9001，MHSA COR，ACSA COR）の外部監査も完了した．

3.5　組織の MS に MSS の要求事項を組み込む　　115

UNAM

　UNAM 化学学部の計測ユニット（MU）が監査とマネジメントレビューをどのように活用しているかの説明は，次のようである．

ステージ8　実施の妥当性確認

認定及び認証の両方において，対応する認定機関及び認証機関によって審査が行われる．これらの審査では，適用される規則の順守が監視される．また，年間二つの内部監査があり，一つは ISO 9001，もう一つは ISO/IEC 17025 である．各地域のコーディネーター及び各部門長は，MU の定義と要求事項との調整要素を考慮した彼らの活動を，彼ら自身のレビューの基礎としてそれらの要素を統合し，使用して報告する．

ステージ9　品質保証

マネジメントレビューは MU で実施される最も重要な活動である．これは，上級管理者によって実施され，サービスと同様に，プロセス及び製品の状態をレビューするための指針を与える．この活動は，MU の業務の過程で，訓練の必要性，改善活動及び戦略的決定を明確にする．

演習問題

・自組織では，ギャップの解消の活動を検証するために，どのように計画を立てていますか？

・自組織では，どんな方法を使っていますか？

・検証プロセスをどのように開始しますか？

・どのような成果を期待しますか？

3.6 統合を維持し，改善する

> **ガイドとなる質問**
> ・継続的な適合性を監視する活動はありますか？
> ・統合マネジメントシステムにおいて，成功したパフォーマンスはどうのように定期的に見直されていますか？
> ・統合システムを改善するためにどのような活動が行われていますか？
> ・新しい又は変更された要求事項はどのように決定され，組み込まれていますか？

■概　　観

　組織がギャップ分析を完了し，特定されたギャップを成功裡に解消した後，次のステップは，マネジメントシステムの要求事項が適切に実施された状態を確実にすることである．統合の価値は，組織のパフォーマンスに反映される．システムを定期的に監視し，レビューして実施状況を確認することは，効果的なマネジメントシステムを維持，改善するうえで不可欠な点である．

　マネジメントシステムの成功を次の方法でテストする．
　　・経営層のコミットメントを，例えば，マネジメントレビューによって継続的に確認する．
　　・目標と測定値が報告され，リスク及び機会が取り組まれるように，文書をレビューし，更新する．
　マネジメントシステムを次によって改善する．
　　・付加価値のある領域を探す．
　　・資源を活用する，よりよい方法を探す．
　　・可能な限り，統合されているかどうかを確認する．
　これらは，維持する活動のいくつかの例にすぎない．

　目標を達成し，マネジメントシステムを継続的に改善するために自組織のシステムを維持し，必要に応じて変更する．その変更が持続可能な方法で便益を

得ることを確実にするためには，変更を実施する際に，慎重な考慮がなされるべきである．

　モニタリングには，組織内外の利害関係者からもたらされる新しい及び変更された要求事項に対する組織の認識も含まれる．その目的は，組織の存続期間中，組織のマネジメントシステムの有効性を維持することである．

　本節では，効果的で効率的なマネジメントシステムの維持，改善を図るための組織内の活動に焦点を当てる．提供されたケーススタディは，迅速に改善が実現された多くの例を含む．マネジメントシステムの維持と改善は継続的な活動である．

■アプローチ

　効果的な統合マネジメントシステムを維持するうえでの重要な要素は，システムが統合されたままであり，かつ解消されているすべてのギャップが解消され，維持されたままであることを確実にすることである．内部監査，自己評価，プロセスの実施及び妥当性確認など，活用できる方法はいくつかある（附属書 B の Q24，Q25／165, 166 ページ参照）．PDCA などのモデルは，現在統合されたマネジメントシステムの改善に適用することができる．

　持続的な期間にわたって有効性を確保するために統合マネジメントシステムを維持し，改善することは，それが実施されていることを確認すること，又は規格の改善要求事項を単に満たすことにとどまらない．これらの活動には，事業環境の変化につれてマネジメントシステムを更新すること，及び更なる統合の可能性を探すことが含まれる．地域レベル又はグローバルレベルで法的要求事項が変わる可能性があり，マネジメントシステム規格が改訂され，事業に影響する新しい規格が発行される可能性もあり，利害関係者が顧客要求事項及び顧客の需要に影響を及ぼす可能性がある．これらの変更が組織にどのように影響するかを認識し，それらをマネジメントシステムのプロセス及び手順に組み込むことは，有効性を維持するために不可欠である．

■ パン職人のジム

 A.3.6（145 ページ参照）

■ 事　例
Waiward Steel 社
　Waward Steel 社の"IMS マニュアル"の"チェックフェーズ"（抜粋）は，次のようである．

> Waiward 社は，次の事項のために，必要なプロセスの監視，測定，分析及び改善のためのプロセスの開発を行ってきた．
> 　・製品の適合性を実証する．
> 　・管理の有効性を監視する．
> 　・組織の HSEQ 目標がどの程度達成されているかを監視する．
> 　・組織のニーズに適した定性的，定量的な方策の両方に取り組む．
> 　・パフォーマンスの能動的，受動的な方策を決める．
> 　・監視や測定のデータと結果を記録する．
> 　・IMS への適合を確実にする．
> 　・IMS の有効性を継続的に改善する．
> 　これには，統計的手法を含む，適用可能な方法の特定及びそれらの活用の程度の決定が含まれる．

FCC Construction 社
　FCC Construction 社の是正処置及び予防処置のプロセスは，次のようである．

3.6 統合を維持し，改善する 119

DF.317.02 Acciones correctoras y preventivas de obra			
ACTIVIDAD	RESPONSABLES	INFORMACIÓN A UTILIZAR	INFORMACIÓN RESULTANTE
N° Descripción	E.O.		
1 Decidir la apertura de una acción correctora / preventiva.			
2 Abrir una acción correctora / preventiva, y comunicar la apertura al Director de Delegación.		366	365; 366
3 Identificar y definir la causa del problema.		366	366
4 Definir la acción correctora/ preventiva.		366	366
5 Implantar la acción correctora/ preventiva.		366	366
6 Comprobar la eficacia de la acción correctora/ preventiva.		366	366
7 ¿La acción correctora / preventiva fue eficaz?	No		
8 Cerrar la acción correctora / preventiva, valorar su coste, y comunicar el cierre al Director de Delegación.	Sí	365; 366	365; 366

MRS 社

MRS 社の“HSE マネジメントシステム”文書から抽出した統合マネジメントシステムの維持，改善に関するステップの説明は，次のようである．

3.1.6 レビュー及び改善（ステップ 6）

HSE システムの定期的なレビューが改善のための分野を特定し，目標を再評価し，ベストプラクティスを促進するであろう．当社は，過去から学ぶ姿勢をもつ一方で，HSE マネジメントへの積極的なアプローチを取り入れるように努めていく．

これらのレビューでは，法的要求事項，当社の修正／要求事項，及び当社のパフォーマンスと関連する KPI に影響を及ぼす可能性のある規格又は行動規範に対するその他の変更に焦点を当てる．

120　　第 3 章　MS への MSS の要求事項の統合

演習問題

- 現在，自組織では統合マネジメントシステムの有効性をどのように監視していますか？
- 監査，評価又は監視の方法はありますか？
- よりよい又はこれからの統合の分野について，推奨する方法はありますか？
- 規格はもちろんのこと，マネジメントシステム構成要素のすべての評価は含まれていますか？
- 目標，プロセス及び資源を分析し，統合による改善を評価していますか？
- 組織はどのように計画を立て，追加的な改善を実施していますか？

3.7　組織で学んだ教訓を適用する

ガイドとなる質問

- 組織は統合的アプローチの適用をどのように改善できますか？
- 統合マネジメントシステムに改善をどのように埋め込むことができますか？
- 統合の過程で学んだ教訓を組織の他の分野に，どのように適用できますか？

■ 概　　観

　統合を達成する，又は統合マネジメントシステムを維持し，改善する唯一の方法はない．組織は，統合プロセスの結果を理解することで，マネジメントシステムの改善を継続してきた．統合的アプローチの価値と便益は，本ハンドブックで徹底的に取り上げられている．組織が統合プロセスを経験するにつれて，学習すべき多くの教訓と起こり得る課題がある（附属書 B の Q30／170

3.7 組織で学んだ教訓を適用する　　　　121

ページ参照）．

　これらの教訓及び課題は，現在又は将来の統合プロジェクトを改善するために活用することができる．加えて，それらはもとの統合プロジェクトの一部ではなかった可能性のある，組織の知識を含む，組織の他の側面を改善する機会として捉えることができる．

■ アプローチ

　組織は，統合プロセス中に，多くの理由で存在したであろう統合への挑戦を含む，さまざまな教訓を学ぶことができる．自組織や他者から学んだ教訓を理解することは，統合に責任のある者の役に立つであろう．

　調査結果（附属書 B の Q23／163，165 ページ参照）と事例は，統合に関するさまざまな課題を示している（表 3.3 参照）．

表 3.3　統合の課題

課　題	説　　明
変化に対する抵抗	組織によっては，構造自体が変化に対する自然な抵抗を生み出す．例えば，部門管理者とプロセスオーナーは，統合的アプローチとその認識されるリスクに反対する結果になるような，異なる責任，視点，アプローチをもっている．これらの例は，組織横断チーム，訓練又は指導，一貫したコミュニケーション，及びマネジメントの支援によって，これらの障害に取り組むいくつかの方法を示している．
力　量	マネジメントシステム規格の要求事項を組織に効果的，かつ効率的に統合するには，適切な力量が必要である．部門管理者及び技術専門家はもちろんのこと，プロセスオーナーは，統合プロセスに参加し，規格の影響を理解する必要がある．例えば，プロセスを理解している技術専門家は，組織のプロセスに規格の要求事項を組み込むために，マネジメントシステム規格の専門家と協力すべきである．
さまざまな職業文化	さまざまな職業文化，分野（例：品質，環境，安全，エネルギー，情報セキュリティ）及びマネジメントシステムと規格に関する経験が問題となり得る．
MSS 要求事項を満たすこと	課題は，統合マネジメントシステムを通じて，顧客やその他の利害関係者の要求事項を満たすことにも関係している．

表 3.3 （続き）

課　題	説　明
統合の持続	効果的な統合マネジメントシステムを積極的に改善することは，継続的な活動である．持続可能性の重要なツールの一つは，新たな拠点や機能を含む，他の事業分野への統合的アプローチの適用を拡大することである．これらの例は，弱みを明らかにし，是正処置と改善を組み込むために，統合マネジメントシステムの現実的，かつ継続的な評価の必要性を示している．評価はまた，強みとうまく機能しているものを明確にする．外部環境の認識と組織への影響は，MS の現状と実効性を維持するうえで重要である．

■パン職人のジム

A.3.7（146 ページ参照）

■事　例

Plexus Corp 社

"組織のマネジメントシステムを統合することで，どのような教訓や課題が見つかりましたか？"という調査質問に対する Plexus Corp 社の回答は，次のようである．

> システム思考は難しい：人々は複数のサイトにわたって使用される共有された QMS の便益／リスクを考慮せずに，拠点のニーズに取り組む傾向がある．

SunPower Corporation 社

"組織のマネジメントシステムを統合することで，どのような教訓や課題が見つかりましたか？"という調査質問に対する SunPower Corporation 社の回答は，次のようであった．

3.7　組織で学んだ教訓を適用する　　　123

（1）段階的に統合する．急いだり強制したりしない．組織は準備ができて
いないかもしれないし，多くの人々も準備ができていないかもしれな
いし，文化は役に立たないかもしれない．
（2）統合の名のもとに，システム，プロセス及び管理の有効性を弱めては
ならない．

FCC Construction 社

　"組織のマネジメントシステムを統合することで，どのような教訓や課題が
見つかりましたか？" という調査質問に対する FCC Construction 社の回答
は，次のようであった．

伝統的なシステムを実施する場合には訓練が不可欠である．統合により非
常に迅速な展開が可能となる．実施のために，組織の十分な知識を有する
ことが必要である．監査時間が最適化されている．新しい規格が実施され
るときの共通手順の適合が重要である．プロセスが重複していない．

演習問題

・学んだ教訓を考えると，自組織のマネジメントシステムはどのように
改善されるでしょうか？
・実際の統合は，意図する適用範囲の目標に合っていますか？
・実際の便益を認識又は期待される便益とどのように比較しますか？
・冗長な文書や付加価値ない文書を削減又は削除することができました
か？
・自組織は統合マネジメントシステムの改善と革新をどのように奨励す
ることができますか？

附属書A ケーススタディ—パン職人のジム

A.1.1 マネジメントシステムの特徴

パン職人のジムは，小さな町の中心部でパン屋を経営している．彼は6年前に店を始め，徐々に拡大してきた．現在，彼は4人の従業員を雇っており，事業はとてもうまくいっている．彼は，いわゆる組織を体系的に運営するいくつかの基本原則を適用したことで成功を収めたが，実際には，そういったことを認識してはいなかった．例えば，パン屋を始めたとき，彼の事業の目的はできたてのパンを提供することであり，さらに彼は，パンやペイストリー（焼き菓子やその生地）を顧客に店頭で販売するだけでなく，スーパーマーケットに卸すこともよく考えて選択した．

彼は周りの人と話をして，そうすることにした．文字どおり，パン屋で買いたいと思う人もいるし，1か所で買い物を終わらせてしまいたいと考える人もいたが，それでもやはり，できたてのパンと"本物"のペイストリーを買いたいと思う人が多かった．彼は，この顧客ニーズの特定をもとに，目標をいくつか設定し，さらに，その目標を達成して顧客に満足してもらえるように，パン屋を組織化する最もよい方法をわかりやすくした．これが，彼のパン屋としての成功と成長の基礎となった．

☞ 本文（30ページ）に戻る．

A.1.2 組織の状況，リスク及び機会

パン職人のジムがパン屋を構えたとき，彼は，パンに対する顧客の需要，市場での価格，競争相手，原材料や労働力を手に入れることができるかどうか，それにかかる費用，さらに従業員の労働環境について調べた．

126　　　附属書 A　ケーススタディ

　パン屋が成長するにつれて，彼は，パンを配達する車はもちろんのこと，例えば，より効率的なオーブンやミキサーを使用することで，エネルギー消費量の削減を事業の他の側面として改善することを考えた．また，彼は，パン屋に適用される，政府によるすべての要件，例えば，食品や健康，安全の規制を満たすことを気にかけていた．

　以上から，次の五つのグループがパン屋の事業の利害関係者であると判断した．

　　　　─顧　　客：ジムのパン屋のパンやペイストリーを購入する地元の顧客やスーパーマーケット
　　　　─政　　府：食品規制，労働安全衛生法
　　　　─従業員：製品の製造や配達などをする人たち
　　　　─社　　会：遺伝子組み換えした小麦粉を使わない，手作りの，焼いた製品
　　　　─供給者：パンの原材料や機械類の生産者

☞　本文（34 ページ）に戻る．

A.1.3　マネジメントシステムの構成要素

A.1.3.1　目標

ジムのパン屋の狙い

　　　　─快適で収益性のある生活を送る．
　　　　─地域で最高のパンとペイストリーを作る．
　　　　─自分や店の従業員に決して不満がないように，顧客に満足していただく．
　　　　─従業員を幸せにする．
　　　　─故障しない，優れた設備を用意する．
　　　　─楽しむ！

A.1.3 マネジメントシステムの構成要素　　127

ジムのパン屋の目標

　　―便利な場所で，いろいろな種類の，できたてのパンやペイストリーを提
　　　供する．

　　―すぐに辞めることのない，熟練した働き手を育成する．

　　―周期的な計画と顧客フィードバックに，供給者を加える．

　　―新しい店舗とともに販売地域を拡大する．

　　―スーパーマーケットチェーンと取引する．

　　―適用されるすべての規制と顧客要求事項を順守する．

　　―2 年間で売上高を 50％増加する．

　　―品質に影響を与えずに，コストを 10％削減する．

☞　本文（38 ページ）に戻る．

A.1.3.2　プロセス

　パン職人のジムは，彼のパン屋には次の主要プロセスがあるとしている．

　　―マーケティング
　　―計画立案
　　―焼成
　　―販売
　　―納品
　　―アフターサービス

　彼は，これらのすべてのプロセスがうまく機能し，適切に相互に関係するように管理する必要がある．そのためには，例えば，焼成プロセスの場合，彼はまず，図 A.1 に示すような，主要なインプット・活動・アウトプットを検討した．

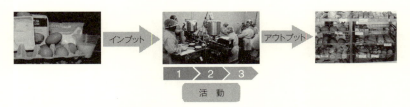

図 A.1 ジムのパン屋の焼成プロセス

次いで,彼はさまざまな焼成の段階を考慮して,詳しい作業指示やほかの管理が必要となる,次のような活動を決めた.

— 原材料・消耗品の購入
— 原材料の保管
— レシピどおりの混合
— 焼成
— 配達のための包装・梱包

上記を次の図 A.2 のように示すことで,彼は主要なプロセスとそれらの相互関係を理解できるようになった.

図 A.2 ジムのパン屋の主要なプロセス

☞ 本文(41 ページ)に戻る.

A.1.3.3 組織構造及び資源

ジムにとって重要なことは，自分のパン屋の能力と資産，そして従業員を含む，資源の範囲すべてを明確にすることである．

彼のパン屋（組織構造）には，次のような従業員がいる（図 A.3 参照）．

— ジムはオーナーであり，ゼネラルマネージャーである．彼は，製造と人事管理はもちろんのこと，主要な意思決定，調整，コミュニケーション，マーケティング，販売を担当している．
— パン職人は，パンとペイストリーの製造を担当する．
— 配達員は，顧客への商品の配達を担当する．
— 店員は，店頭で商品の販売を担当する．
— 管理部門員は，供給計画と経理を担当する．

図 A.3 ジムのパン屋の組織

ジムのパン屋の追加の資源には，次のものが含まれる．

— 小麦粉，酵母，チョコレート，バター，スパイス，卵などの製パン材料
— レシピと，機械の操作・焼成のための手順
— 焼成機のある製パン所，陳列棚のある店舗，配送車両
— パン屋の経営と不測の事態に備えるための銀行預金

☞ 本文（45 ページ）に戻る．

A.1.3.4　パフォーマンスフィードバック

ジムは現在，店員と配達員に顧客からのフィードバックを毎日たずねている．彼はまた，在庫を確認し，店から配達された，スーパーマーケットに来店する顧客が好みそうなパンやペイストリーについて，顧客と話したりする．彼は，配達にかかった時間を配達員に書き留めさせ，配達時間の記録・管理をし始めた．

☞　本文（49 ページ）に戻る．

A.1.4　マネジメントシステム構成要素の関係の理解

A.1.4.1　システムアプローチの理解

ジムは，事業が大きくに成長するにつれて，当初の計画よりも，よりきちんとした取決めが必要だと感じている．

従業員が 1 人しかいなかったときは，毎週の計画とその従業員が何をするのかという毎日の手配は容易で，ほとんど習慣のように行えた．現在では，4 人の従業員が異なる "部門"（製パン，店頭，配達）で働いているため，彼は，よりきちんとした活動計画と仕事の割り当て方法を考える必要が出てきている．

ジムのパン屋の活動の概要と管理も複雑化しており，ジムはフローチャートや作業チェックリストなど，文書作成の利点を徐々に感じている．彼は，より体系的に事業を管理する利点を理解し，次第に "マネジメントするパン屋" になってゆく．

図 A.4 に示すように，彼の店では，日々のパン屋のプロセスへ，計画を立てたり，予定を組んだりといったマネジメント活動を加えている．

さらに進んで，彼は，業務と利害関係者，リスクの関係をさらによく理解するために，サブプロセスのフローチャートを作成している．例えば，図 A.5 に示すように，配送プロセスを検討している．

A.1.4 マネジメントシステム構成要素の関係の理解

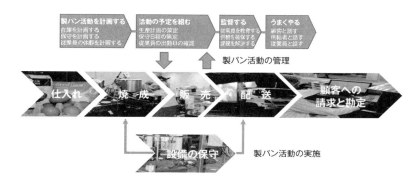

図 A.4　パン屋のプロセス

図 A.5　配送プロセス

☞　本文（52 ページ）に戻る．

A.1.4.2　システムアプローチの確立

次にジムは，図 A.6 に示すように，目標や組織の構造，組織に必要な資源，組織プロセスの確立とそれぞれの関係を含めて，パン屋の事業の全体像を把握したいと考えている．

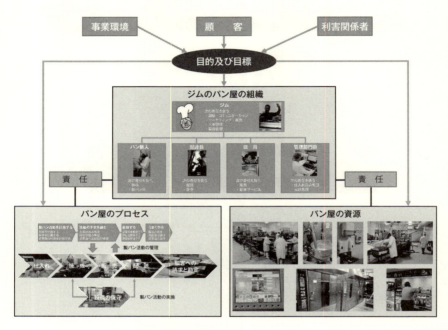

図 A.6　ジムのパン屋のマネジメントシステム

図 A.7 は，彼がパン屋のマネジメントシステムの他の構成要素（この場合は目標とそれ対応するパフォーマンス指標）に，配送プロセスの活動と資源をどのように関連付けたのかを示している．

A.2.1 マネジメントシステム規格の目的及び目標

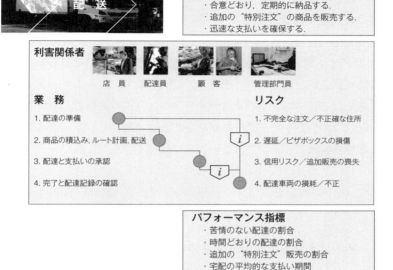

図 A.7 ジムのパン屋における配送のためのシステムアプローチ

☞ 本文（56ページ）に戻る．

A.2.1 マネジメントシステム規格の目的及び目標

　ジムは，地方自治体による食品安全規制への適合性を示すために，彼が作ったマネジメントシステムを利用してきた．近年，主要なスーパーマーケットはISO 9001認証の要求事項を求めている．彼は自分の店のマネジメントシステムを理解しているが，それが正式なマネジメントシステム規格とどのように関係しているかを理解する必要が出てきた．

　競争相手よりも勝るために，彼はISO 14001の環境マネジメントシステム規格とISO 22000の食品安全マネジメントシステム規格の認証を取得し，そ

の後，ISO 45001 の労働安全衛生マネジメントシステム規格を追加することにした．さらに彼は，オーブンや他の製パン機の効率的な使用はもちろんのこと，食品の調理や配達のエネルギーコストの増加に備えて，将来実施できそうなものとして，ISO 50001 のエネルギーマネジメントシステム規格と ISO 55001 のアセットマネジメントシステム規格を予定することにした．

彼は当初，品質と食品安全，環境，労働安全衛生，エネルギー，資産（アセット）のそれぞれ一つずつのマネジメントシステムが必要で，やがては五つ，ないしは六つの独立したシステムが必要だろうと考えていた．彼はこのことが自分の事業を複雑にするのではないかと心配している．

☞　本文（61 ページ）に戻る．

A.2.2　マネジメントシステム規格の使用及びニーズ

ジムは自分が必要とする四つの規格について調べた．彼は，それらの規格が自分の事業運営の重要な側面をカバーし，自分の現在のマネジメントシステムに関係していると考えている．彼は，何らかの課題を見逃していないかどうかを確かめ，規格の要求事項を自分のシステムに組み込む効率的な方法をすぐに決める必要があった．そのために，最も必要な ISO 9001 規格の実施を直ちに決めた．

☞　本文（64 ページ）に戻る．

A.2.3　マネジメントシステム規格の要求事項の適用

A.2.3.1　マネジメントシステム規格の要求事項と組織のマネジメントシステムとの関係

図 A.8 に示すように，ジムは自分の事業活動をマネジメントシステム規格

A.2.3 マネジメントシステム規格の要求事項の適用　　　135

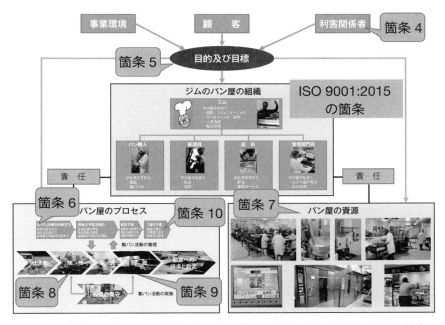

図 A.8　ジムのパン屋のマネジメントシステムと ISO 9001:2015 とのつながり

とつなげた．

☞　本文（67 ページ）に戻る．

A.2.3.2　マネジメントシステム規格の要求事項の実施

　ジムは，"〜しなければならない．"（shall）と記載されてあるすべての文章を強調して，ISO 9001:2015 の要求事項を明らかにし，次に，これらの要求事項を組み込むために，自分の店のマネジメントシステムにいまある目標，プロセス及び資源を調べた．例えば，"利害関係者"と利害関係者の"ニーズ及び期待"（ISO 9001:2015 の箇条 4.2）はすでに知っており，自分の"品質目標"（箇条 6.2.1）のリストとパン製造プロセス（箇条 8.5）の図を作ってある．しかし，品質方針（箇条 5.2）を策定し，監査を計画し，実施することは

136　　　　　　　　　附属書A　ケーススタディ

必要である（箇条9.2）．最終的には，パン屋のマネジメントシステムに不足
しているすべての要求事項を結びつけて，実施した．その後，ISO 9001 の認
証審査を申請し，取得した．

☞　本文（69 ページ）に戻る．

A.3.1　統合を率先する

ジムは会社の役員だ．彼は，パン屋のマネジメントシステムにマネジメント
システム規格の要求事項を統合するための方向性を示す必要がある．したがっ
て，彼は次のことを打ち出した．
　　─統合の必要性を明確にする．
　　─統合を会社の方針にする．
　　─統合に必要な戦略的構想を決める．
　　─統合の目標を設定する．
　　─統合の機会及びリスクを決める．
　　─統合の決定を伝達する．

☞　本文（77 ページ）に戻る．

A.3.2　統合範囲を決定する

ジムは ISO 9001 の認証を取得している．彼は，規制要求事項や運用上の要
求から，ISO 22000 の食品安全マネジメントシステムの導入はもちろんのこ
と，利害関係者からの要請やマーケティング上の理由から，ISO 14001 の環
境マネジメントシステムの導入を決定した．
　彼は，ISO 45001 の労働安全衛生マネジメントシステムを実用的な規格と
して位置付けているが，次の統合プロジェクトにあたり，この導入を延期する

ことにした．続けて，彼は次のことを決定した．

 ―ISO 22000 に続いて ISO 14001 を実施する．

 ―関連するすべての活動（例えば，計画や調達，焼成，保管，販売，納品）を含め，パン屋全体に ISO 14001 と ISO 22000 の要求事項を適用する．

 ―統合がパン屋における資源（例えば，コストや作業負荷，設備）やプロセス（例えば，追加や合理化された活動），目標（例えば，方針）に及ぼす影響を明確にする．

 ―自分の店のマネジメントシステムに関連するすべての構成要素に要求事項を統合する．

 ―そして，彼は，これらの決定と事業に関連する影響をすべての従業員に伝える．

☞　本文（82 ページ）に戻る．

A.3.3　統合を計画する

　現在，ジムは統合を進める計画を作る必要がある．彼は，この計画に次の九つの主要な点を反映させた．

 ―彼自身が統合プロジェクトを率いる．

 ―統合チームのメンバーは従業員全員である．

 ―内部資源のみで行う．

 ―全従業員及びパン屋全体に影響が及ぶ．

 ―だれが何をするのかを決める．

 ―最も高いリスクは資源である．

 ―チームは来週統合を開始する．

 ―統合プロジェクトを 6 か月で完了させる．

 ―彼は毎週全従業員と進捗会議を行う．

☞ 本文（86 ページ）に戻る．

A.3.4　マネジメントシステム規格の要求事項と組織のマネジメントシステムを結びつける

A.3.4.1　マネジメントシステムを構築する

　パン職人のジムは，自分の店のマネジメントシステムを簡単な方法で構築した．図 A.9 は，マネジメントシステムの主要な構成要素とそれらの関係をジムの視点で描かれたものである．彼は，標準化された用語を使って，この構造を全従業員に説明した．

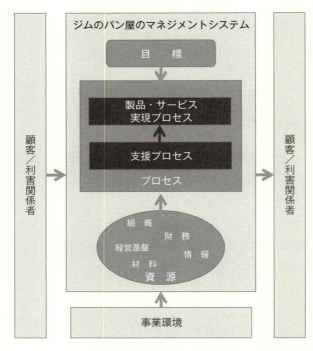

図 A.9　ジムのパン屋のマネジメントシステムの構造

☞ 本文（90 ページ）に戻る．

A.3.4.2 マネジメントシステム規格の要求事項を体系化する

ジムのパン屋のマネジメントシステムは，ISO 9001 の要求事項をすでに満たしており，彼は ISO マネジメントシステム規格の一般的な構造と内容や，それに関連する要求事項を理解している．現在，彼は ISO 14001 と ISO 22000 の要求事項を特定し，構築する必要がある．

最初に彼は，両方の規格を読み，共通性のあるいくつかの要求事項を特定した（例えば "7.5 文書化した情報" や "10.3 継続的改善"）．これらのほとんどに対して，彼は，パン屋で確立されている共通プロセスの基礎として，最も広範囲にわたる要求事項を適用することにした（例えば "5.2 方針" や "9.3 マネジメントレビュー"）．

彼は，いくつかの要求事項が環境と食品安全に特有のものであることを認識している［例えば，それぞれの "8.2 緊急事態への準備及び対応" と "HACCP (PRPs)"］．これらを自分の作ったマネジメントシステムのプロセスと手順として取り扱う必要もある．

☞ 本文（94 ページ）に戻る．

A.3.4.3 マネジメントシステムに対するマネジメントシステム規格の要求事項をマップする

パン職人のジムは，ISO 9001 と ISO 14001，ISO 22000 の要求事項が自分の店のマネジメントシステムとどのように関係しているかを調べる必要があった．彼はマトリックスを用いて，すべてのプロセス（例えば，購買や焼成，販売，納品）と要求事項を含む，三つのマネジメントシステム規格の箇条の活動を列挙した．彼は，要求事項が活動に影響するのかどうかをマトリックスの表に示した．まずパンを焼くプロセスから始まり，ISO 14001 と ISO 9001 の要求事項がどのように影響するかを図に表した．これは，ジムがすべて調べあげ

140 　　　　附属書A　ケーススタディ

たマッピングからの抜粋である．最初のマトリックス（図 A.10）は，分析を
始めるための設定を図に表している．2 番目のマトリックス（図 A.11）は，
その後，要求事項がプロセスに与える影響を示している．

　マトリックスの左側の縦の列は，焼成プロセスの主要な活動を示している．
横の一番上の行は，パン職人のジムが製パンプロセスに重大な影響を及ぼすと
判断した要求事項を含む規格の箇条を示している．

	文書化した情報の管理	製造及びサービス提供	不適合なアウトプットの管理	文書化した情報の管理	運用管理	側　　面	力　　量
要求事項　　活　　動	ISO 9001 7.5.3	ISO 9001 8.5	ISO 9001 8.7	ISO 14001 7.5.3	ISO 14001 8.1	ISO 14001 6.1.2	ISO 14001 7.2
食材の供給							
混　合							
発　酵							
生地の準備							
焼　成							

図 A.10　ジムのパン屋のマトリックスの例（マッピングの設定）

　ジムは，例えば，ISO 9001 と ISO 14001 の "7.5.3 文書化した情報の管
理" の要求事項を分析したところ，注記の前にある "意図しない改変" という
最後の一文が ISO 9001 の要求事項に追加されていることを除けば，ほぼ同じ
であることを確認した．彼は，実務的な理由から，品質と環境の両方をカバー
しているため，この要求事項を採用することを決めた．こうして，箇条 7.5.3
に関連する箇条を一つにした．しかし，箇条 7.2 の力量に関する要求事項につ
いては，双方の規格では大きく異なると考えて，それぞれ列を分けて残すこと
にした．

A.3.5 組織の MS に MSS の要求事項を組み込む　　　141

活　動 ＼ 要求事項	文書化した情報の管理 ISO 9001/14001 7.5.3	製造及びサービス提供 ISO 9001 8.5	不適合なアウトプットの管理 ISO 9001 8.7	運用管理 ISO 14001 8.1	側　面 ISO 14001 6.1.2	力　量 ISO 9001 7.2	力　量 ISO 14001 7.2
食材の供給	✓	✓	✓	✓	✓	✓	✓
混　合	✓	✓	✓	✓	✕	✓	✕
発　酵	✓	✓	✓	✓	✓	✓	✕
生地の準備	✓	✓	✓	✓	✓	✓	✓
焼　成	✓	✓	✓	✓	✓	✓	✓

説明：
✓　要求事項がプロセスに影響する.
✕　要求事項がプロセスに影響しない.

図 A.11　ジムのパン屋のマトリックスの例（マッピングの完了）

☞　本文（98 ページ）に戻る.

A.3.5　組織のマネジメントシステムにマネジメントシステム規格の要求事項を組み込む

A.3.5.1　ギャップを特定し，分析する

ここでジムは，図 A.12 のように色分けをしてギャップを分析した．次のマトリックスは，彼が行ったギャップ分析からの抜粋であり，ISO 9001 と ISO 14001 要求事項の達成度合いに関するジムのパン屋の判断結果を表している.

	文書化した情報の管理	製造及びサービス提供	不適合なアウトプットの管理	運用管理	側　　面	力　　量	力　　量
要求事項 活　　動	ISO 9001/ 14001 7.5.3	ISO 9001 8.5	ISO 9001 8.7	ISO 14001 8.1	ISO 14001 6.1.2	ISO 9001 7.2	ISO 14001 7.2
食材の供給	✓	✓	✓	✓	✓	✓	✓
混　合	✓	✓	✓	✓	×	✓	×
発　酵	✓	✓	✓	✓	✓	✓	×
生地の準備	✓	✓	✓	✓	✓	✓	✓
焼　成	✓	✓	✓	✓	✓	✓	✓

説明：
✓　要求事項がプロセスに影響する.
×　要求事項がプロセスに影響しない.

図 A.12　ジムのパン屋のマトリックスの例（ギャップ分析）

図 A.12 で色分け[24] している理由の例を次に示す.

　—緑色（ISO 9001 の箇条 8.5：焼成）："申し分のないパンを作るために，パンの種類と種類に応じた温度と時間の設定条件を記したリストをオーブンに貼り付け，定期的にオーブンの保守サービスを受けている."

　—緑色（ISO 14001 の箇条 7.5：混合）："すでに実施している品質マネジメントシステムに関するすべての文書を管理するためのプロセスがある. 環境マネジメントシステムの文書についても，同じプロセスを適切に使用する."

　—黄色（ISO 9001 の箇条 7.5：食材の供給）："新しい種類のパン向けにレシピを変更したが，それを文書化しなかった. 変更しなければならないことは知っていたが，忘れていた. 他の種類のパンのレシピはすべて文書化してある."

　—黄色（ISO 9001 の箇条 8.7：生地の準備）："受け入れられないと判断した生地（例えば，塩の不足）をどうするか決定するのは自分だけであるが，そのことが現在の指示書では明らかになっていないことがわかった."

_____

[24] 編集注　本書では，次のように表す. 緑色：▦, 黄色：▨, 赤色：■, 白色：□

A.3.5　組織の MS に MSS の要求事項を組み込む　　143

—**赤色**（ISO 14001 の箇条 6.1.2：発酵・焼成）："まだ，発酵と焼成の環境側面を考えていない．すぐに対処する必要がある．"

—**白色**（ISO 14001 の箇条 6.1.2：混合，ISO 14001 の箇条 7.2：発酵）："これらの要求事項をこの活動に適用しないことにした．手作業で混合するので，エネルギーは余分に必要としない．発酵に関して，パン職人には環境に関する訓練は特に必要ないが，品質の観点による訓練は行う．"

☞　本文（104 ページ）に戻る．

A.3.5.2　ギャップを解消する

パン職人のジムは，今度は，ギャップ分析で特定したギャップを解消する必要がある．

ジムは，今後の実施に向けた準備をしているが，ギャップを解消するために何が必要となるかアイデアをもっている．これは彼にとって本当のボーナスになる．なぜなら，彼は事業の経営全般を同時に改善できるからである．この是正処置[25] は，いますぐに役に立つだろう．

次は，彼が考えるいくつかの重要なステップである．

A．ギャップ分析の結果を従業員と話し合う．だれもが同意しているか？

B．ジムのパン屋の事業との関連性に基づいて，結果の優先順位を付ける．

　　1．どれくらいのギャップがあり，それはどこにあるか？

　　2．そのギャップは，複数のプロセスや資源，目標に影響を及ぼすか？

　　3．複数のマネジメントシステム規格の要求事項にギャップがあるか？

C．ギャップを解消するために必要な処置を決定し，それぞれをプロセスオーナーに割り当てる．

D．既存のマトリックスを拡張することによって，とられた行動を実施し，文書化する．

---

[25] ここでいう "是正処置" には，原因を除去することは含まれていない．

E. すべてのマネジメントシステム構成要素を次のようにレビューする.

　1. 実施が有効であるかどうかを確認する.

　2. 他の構成要素や統合に悪影響がないことを確認する.

　3. 冗長性, 相乗効果及び更なる統合の可能性を探す.

　4. 問題が発見された場合は, 上記のステップの C に戻る.

　例えば, "食材の供給" 活動は, ISO 9001:2015 と ISO 14001:2015 双方の箇条 7.5.3 の要求事項に, 部分的にしか適合していないことを特定した. レシピの変更を文書化していないというギャップに対応するために, 彼は店のプロセスに変更を記録する活動を追加した. これを行うことによって, 彼は, ISO 9001:2015 の他の関連する要求事項, 例えば, "変更の計画" (箇条 6.3) と "ヒューマンエラー" [箇条 8.5.1 g)] に対応できることにも気付いた.

　また彼は, ISO 9001:2015 の箇条 7.5.3.2 d) 及び ISO 14001:2015 の箇条 7.5.3 の要求事項に規定されている記録の保持期間を決めてないことに気付いた. そのため, 他の規制要求事項はもちろんのこと, 事業のニーズとマネジメントシステム規格の双方を満たす保持期間を明確にした. 彼は, 次に示すマトリックス (図 A.13) の対応する箇所に "OK" と記入することで, 自分の視点からギャップを解消したことを示した.

要求事項　活動	文書化した情報の管理	製造及びサービス提供	不適合なアウトプットの管理	運用管理	側　面	力　量	力　量
	ISO 9001/14001 7.5.3	ISO 9001 8.5	ISO 9001 8.7	ISO 14001 8.1	ISO 14001 6.1.2	ISO 9001 7.2	ISO 14001 7.2
食材の供給	OK			OK	OK	OK	OK

図 A.13　ジムのパン屋のマトリックスの例 (ギャップの解消)

　さらに彼は, 既存の文書に, 受け入れられない生地を処理する責任がある点を付け加えたうえでの, 生地を準備する活動と ISO 9001 の箇条 8.7 との間のギャップや, 水や廃棄物に関する側面など, 対応する環境側面を取り入れることで, 発酵・焼成の活動と ISO 14001 の箇条 6.1.2 との間のギャップを含め

A.3.6　統合を維持し，改善する　　145

て，その他のギャップを解消した.

☞　本文（109 ページ）に戻る.

A.3.5.3　ギャップの解消を確認する

　ジムは，ISO 9001 と ISO 14001 の要求事項の順守状況を検証した. 例えば，レシピの変更をすぐに記録していることや，保持期間に従って記録を保持していること，使われなくなった記録を削除していることを確認した. 彼はまた，規格が自分のパン屋に対して，廃棄物はもちろんのこと，不適合となった生地をどのように対応するかという意思決定を定期的に求めていることにも気付いた.

　次のマトリックス（図 A.14）は，ジムのパン屋の "食材の供給" 活動に関するギャップの解消の確認結果を示している.

	文書化した情報の管理	製造及びサービス提供	不適合なアウトプットの管理	運用管理	側　面	力　量	力　量
要求事項 活　動	ISO 9001/ 14001 7.5.3	ISO 9001 8.5	ISO 9001 8.7	ISO 14001 8.1	ISO 14001 6.1.2	ISO 9001 7.2	ISO 14001 7.2
食材の供給							

図 A.14　ジムのパン屋のマトリックスの例（ギャップの解消の検証）

☞　本文（113 ページ）に戻る.

A.3.6　統合を維持し，改善する

　ジムのパン屋の計画には，統合マネジメントシステムの監視と改善が含まれている. 彼は，システムが効果的となること，事業に価値を付加し続けることを確実にするために，プロセスを整備する必要がある.

―ギャップはすべて解消しているか？

―解消は成功したか？

―統合をよりよくする機会はあるか？

―システムを監視し，改善するためにさらにどのような活動が必要か？

―従業員には特別な訓練が必要か？

☞　本文（116ページ）に戻る．

A.3.7　組織で学んだ教訓を適用する

　ジムは統合プロセスでいくつかの問題に直面した．彼は，いくつかの点はもっとうまくやれたかもしれなかったことに気付いた．彼は他の人がどう感じたのかを知りたかった．他の人はおそらく，統合とマネジメントシステムの改善方法について，アイデアをいくつかもっている．

☞　本文（120ページ）に戻る．

附属書 B　調査回答の図表

　国際的に多様な企業に対して調査を実施した．調査の実施と回答の収集に，科学的な方法は用いていない．ここでは，調査回答を図表に描き表して列挙している．

　掲載した図表は，新しい取組みとともにマネジメントシステムを運用するために，さまざまな業界内で，企業が，どのように考えて行動しているのか，組織の状況に対して，どのように考えて行動しているのかを示したものである．

　なお，ここでの図表は，本ハンドブックの記述を補うことのみを目的に掲載している．

附属書 B

IUMSS 調査図表

国際的に多様な企業に対して調査を実施した．調査の実施と回答の収集に，科学的な方法は用いていない．ここでは，多くの調査回答を図表に描き表して列挙している．図表の掲載は，一部の企業が業界内でどのように考えて行動しているのかを示し，本ハンドブックの記述を補うことのみを意図したものである．

2017 年 12 月 24 日

Q1 組織の従業員は何人ですか？

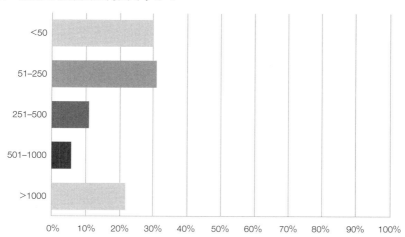

Q2 年間売上高は米ドルでどれくらいですか？

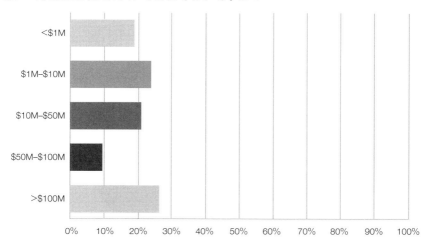

Q3 会社では,いくつのサイトを運営していますか？

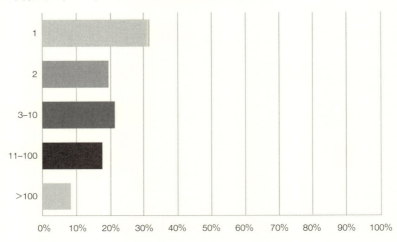

Q10 組織の顧客基盤と事業の市場をどのように表しますか？

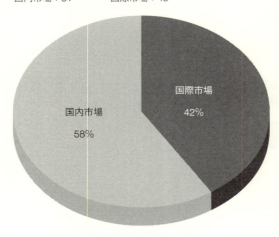

Q11 組織を左右する，主要な利害関係者（顧客を除く）はだれですか？
—part 1：2

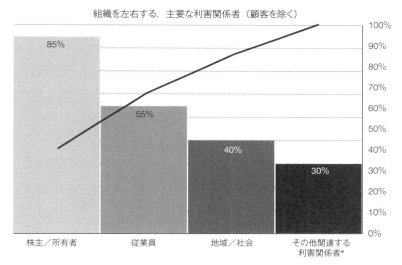

* 次のQ11(part 2:2)の表を参照

Q11 組織を左右する，主要な利害関係者（顧客を除く）はだれですか？
—part 2：2

その他関連する利害関係者*	
監査組織及び監督当局	
認証／登録の第三者機関及び認定審査員	
規制当局，消費者団体，政府，民間部門	
公的機関，政府，政治関係者	
クライアント，顧客，患者，消費者	
銀行，投資家，創始者，共同ベンチャーパートナー	30%
外部提供者（供給者，外部委託したサービス提供者）	
規制当局 - 政府と業界	
産業協会 AOSP，CISC，Solar	
大学・高等教育機関及び技術機関	
労働組合・従業員協会	
財団・NGO	
米海軍，米国海兵隊，米陸軍，米国沿岸警備隊，米国国務省	

Q12 組織のマネジメントシステムに統合されている外部の ISO 規格又は非 ISO 規格は何ですか？（次のスライドの図を参照）

Part 1. 規格（規格適合性）─ 回答数
1. ISO 9001 ─ 34
2. ISO 14001 ─ 22
3. OHSAS 18001 又は AS/NZS 4801 ─ 21
4. ISO 50001 ─ 3
5. ISO/TS 16949 ─ 3
6. ISO/IEC 17011 ─ 3
7. ISO/IEC 17025 ─ 3
8. ISO/IEC 20000 ─ 2
9. ISO 19011
10. ISO 22716
11. ISO 37001
12. ISO 22000
13. ISO/IEC 27001
14. ISO 31000
15. ISO 28000 Y BASC
16. ISO 13485
17. AS 9100
18. IRIS V02 IRIS
19. 承認された NAVSEA Standard Item 009-04
20. EMAS
21. GMP Halal UAE 2055
22. R2 Responsible Recycling
23. Aquarating
24. AQS
25. HACCP
26. GMP（適正製造規範）

複数の MSS
・1 社は，次の 13 の ISO 規格と非 ISO 規格を構築していた．
ISO 9001, ISO 14001, OHSAS18001, ISO/IEC 27001, ISO 31000, ISO 50001, UNE 166001 R&D, ISO 10005, UNE 14064-1 GHG, UNE 139803, UNE 17001, UNE 73401, UNE-CWA 15896
・1 社は，次の 9 の ISO 規格と非 ISO 規格を構築していた．
ISO 9001, AS 9100, ISO 13485, TL 9000, ISO 14001, OSHAS 18001, ATEX, IRIS, ISO 50001
・2 社は，次の 6 の ISO 規格と非 ISO 規格を構築していた．
ISO 9001, ISO 14001, ISO/IEC 17020, ISO/IEC 17025, AS/NZS 4801, OHSAS 18001
・1 社は，次の 4 の ISO（AS/NZS）規格を構築していた．
AS 4678, AS 3600, AS 4671, AS 1726

Q12 組織のマネジメントシステムに統合されている外部の ISO 規格又は非 ISO 規格は何ですか？ A

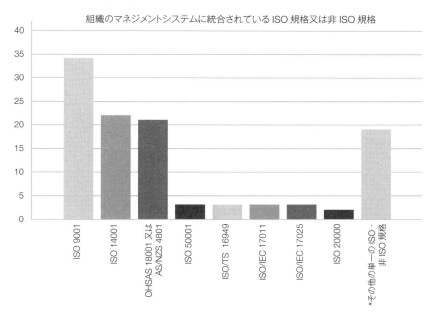

Q12 組織のマネジメントシステムに統合されている外部の ISO 規格又は非 ISO 規格は何ですか？　B

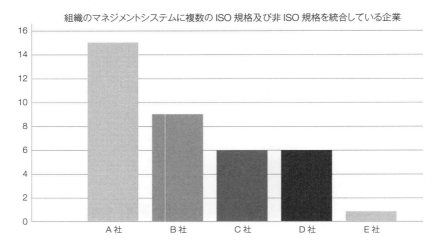

Q12　組織のマネジメントシステムに統合されている外部の ISO 規格又は非 ISO 規格は何ですか？

Part 2　法令又は規則（順守を意味する）

- FDA 品質システム要求事項（QSR）
- 適正製造規範（GMP），労働安全衛生マネジメントシステム
- SART
- INEN NORMS（エクアドル国家標準）
- MAURITAS Act 1998
- CE マーキング等の建設業に適用される規定及び規制
- 顧客に依存
- 建築法，環境法，安全法
- RESOLUCION 513
- ISPS，AEOS
- 製品の電気安全・建築基準等
- 香港法
- 国の権限付与に関する大臣指令
- INEN 1108 飲料水基準
- 飲料水国家規格／環境規制／OHS 規制
- エクアドル法制
- スキームによって異なる規制
- 閣僚会議の 275/2012
- 雇用，製造，ガス・石油産業に関係する英国及び EU のすべての法律及び規則
- 規則 UE 305/2011
- FAA，EASA，FDA 等
- WHS Act 2011，WHS 規則 2011，1997 年制定環境保護法
- WHS 規則と食品産業製品の取扱い，セキュリティ，荷役等
- （アルバータ州・カナダ）MHSA COR 及び ACSA COR
- ANSI/ESDS 20.20，FDA 21 CFR 820，JGMP（日本），GMP（韓国），ANVISA，NADCAP AC 7120/AC 7121，FAR 145 修理ステーション，EASA，ITAR/EAR，EICC
- 旧 GDPR 版（LOPD_Data Protection Organic Law）
- 州の職場法と条例

Q12 組織のマネジメントシステムに統合されている外部の ISO 規格又は非 ISO 規格は何ですか？

Part 3　規格をどのような順序で実施しましたか？

・三つの規格を一度に実施した.
・ISO 9001:2008，その後 ISO 9001:2015
・ISO/TS 16949，ISO 9001，ISO/IEC 17025
・ISO 9001，14001，マドリードエクセレンス認証，18001，10005，166001，研究・開発，14064-1 GHG，27001，31000，50001，139803，17001，73401，15896
・ISO 9001，その後 ISO 19011
・ISO 9001，ISO 14001 を毎年
・IRIS
・ISO 9001:2015，ISO 14001:2015，BS OHSAS 18001:2007
・ISO 9001，ISO 14001，PN-N 18001/OHSAS 18001，ISO 22716，ISO/TS 16949:2009
・ISO 9001，当初は ISO 37001 と統合
・ISO 9001，ISO/IEC 17025，OHSAS 18001，ISO 14001，ISO 50001
・ISO 9001，ISO/IEC 17025，ISO 14001，OHSAS 18001

・ISO 9001，OHSAS 18001，ISO 14001
・ISO/IEC 17021，17065 等
・ISO/IEC 17011，ILAC 及び IAF の要求事項に準拠した QMS，認定された規格の規格要求事項
・ISO 14001，ISO 9001，OHSAS 18001
・ISO 9001，OHSAS 18001，ISO 14001
・NAVSEA（米海軍システム司令部），ISO 9001
・ISO 9001，AS/NZS 4801，ISO 14001
・HACCP，その後顧客の基準
・自動車品質，環境，安全と健康
・ISO 9001:1994，その後 ISO 14001 と OHSAS 18001 との統合に向けた二つの顧客要求事項
・ISO 9001，ISO/IEC 17020，ISO/IEC 17025，AS 4801，ISO 14001，OHSAS 18001
・ISO 9001 と 20000-1 を並行して，その後 1 年後に 27001
・品質，その後リスク

Q12 組織のマネジメントシステムに統合されている外部の ISO 規格又は非 ISO 規格は何ですか？

Part 4 達成するための規格は何ですか？

- ISO 9001 認証のみとの回答 3 件
- プロセスアプローチ
- ISO 9001, ISO 28000 Y BASC
- ISO 9001, Resolucion_ARCSA-DE-067-2015-GGG, Decreto Ejecutivo 513 del IESS
- ISO/TS 16949 認証
- コンクリート保持壁構造
- ISO/IEC 17011
- マネジメントシステム及び持続可能性システムは，直接的又は間接的に，製造及びその発表に関連しているかどうかにかかわらずに，社会におけるそれらの活動を発展させるために，企業のすべての活動を網羅している.
- 顧客満足と顧客が要求するサービス
- ISO/IEC 27001 認証
- ISO 9001, ISO 14001 認証
- 第三者監視，市場優位
- IATF 16949:2016 認証
- 顧客満足
- ISO 9001, ISO 14001, OHSAS 18001
- 利害関係者の満足度の向上

- ポイント・ツー・ポイントアプローチ
- ISO 9001, ISO/IEC 17025, ISO 14001, OHSAS 18001
- ISO/IEC 17025, ISO/IEC 15189, ISO/IEC 17020, ISO/IEC 17065, ISO/IEC 17021, ISO/IEC 17024
- 当社が ISO 9001, ISO 14001 及び Achilles UVDB Verify の認証を取得しない限り，クライアントは当社とは取引しないであろう.
- 品質マネジメントシステムの信頼
- 高品質の製品と顧客満足
- AS/NZS 4801:2001, ISO 31000:2009
- 当社の製品の品質，当社の職場及び環境の安全を確保するシステム及びプロセス
- 顧客要求事項への対応
- No.1 ISO/TS 16949（ISO 9001），No.2 ISO 14001, No.3 OHSAS 18001
- 製品品質，環境責任，安全
- 当初は，顧客需要によるものであった. 現在，それらは継続的改善基盤の一部として使用されている.

Q12　組織のマネジメントシステムに統合されている外部の ISO 規格又は非 ISO 規格は何ですか？

Part 5　最初の規格はいつ実施されましたか？
1983　ISO 9001
1984
1993
1994，1994（1996 年登録）
1997，1997　HACCP EN 1997
2000，2000，2000
2002　最初の規格は QS 9000 から始まり，ISO/TS 16949（ISO 9001）に移行した．
2003
2004
2006　ISO 9001，その後 ISO/TS 16949
2008　AS 4678-2008，ISO 9001:2008
2013
2010
2011
2013
2014
2014
2015

Q13　ISO 規格開発者向けの ISO 附属書 SL.9 上位構造（HLS）の共通テキストは，現在又は以前のマネジメントシステムの文書に変更をもたらしましたか？

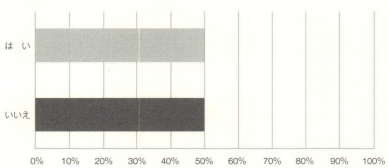

Q14 ISO マネジメントシステム規格に示されている箇条と組織のマネジメントシステムのマニュアルの箇条は同じですか？

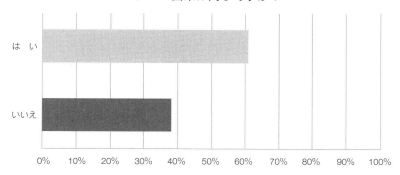

Q15 組織のプロセス間のインタフェースを描くために，どのようなプロセス／モデル／フレームワーク／アプローチを使用しましたか？

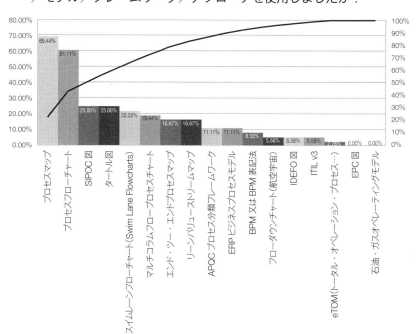

附属書 B 調査回答の図表

Q17 組織のプロセスと ISO 又は非 ISO MSS の要求事項との関連性をどのように示しましたか？

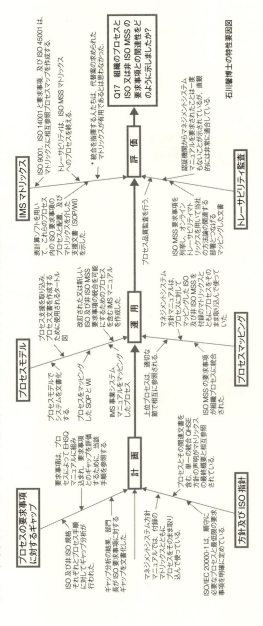

石川馨博士の特性要因図

Q19 プロセスの意思疎通はどのような方法で行いましたか？

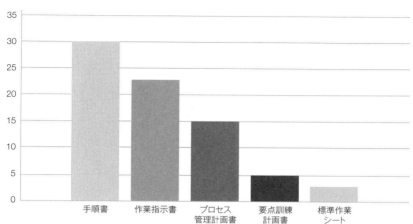

Q20 どのような種類の尺度，測定法，指標を用いていますか？

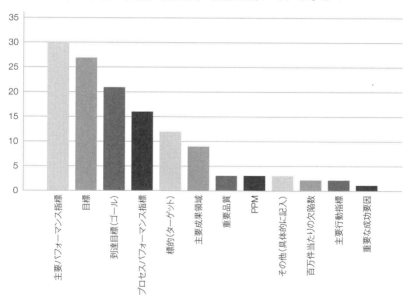

Q21 統合はどの程度完了しましたか？

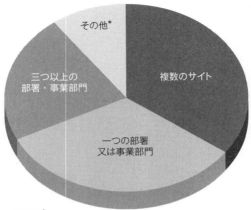

その他*
・完了した組織
・当社の場合，統合はマネジメントシステムの主要な要素について完了しており，その後，物事は仕組みによって特定されている．
・当社は完了していない（決して終わらない）．従業員の力量に注力し，全社一丸となって，本格的な統合に取り組んでいる．

フォースフィールド分析：

Q22　統合のメリットは何ですか？（回答率でランク付け）

Q23　単一の ISO 又は非 ISO MSS から統合マネジメントシステムに移行する際に経験した課題は何ですか？（回答率でランク付け）

Q22 & Q23　単一の ISO 又は非 ISO MSS から統合マネジメントシステムの統合にあたって，メリットと課題は何ですか？

現　状： ISO と非 ISO マネジメントシステム規格の増加とコストのかかる複数認証	望ましい結果： 複数のマネジメントシステム規格要求事項を一つのマネジメントシステム内に統合する必要がある．
メリットと推進力	課題と抑止力
✓ 文書の削減 ✓ マネジメントレビュー，内部監査，情報管理等のプロセスの縮小及び標準化 ✓ 統合システム監査のコストの低減 ✓ 順法コストの低減 ✓ プロセスの説明責任の改善 ✓ プロセスオーナーの監査負担の軽減 ✓ リスク軽減の改善 ✓ 共通の枠組みをもつ業務へのリスクと煩雑さの軽減 ✓ プロセスとの統合システム ✓ 改善された拠点の有効性 ✓ プロセスを改善した類似の検証による，手直しなしでのサービス及び製品の受入れの増大 ✓ SOPs（業務標準手順書）を使用した IMS 規格の作業及び責任による，簡素化した訓練の必要性と資料 ✓ より簡単な一つのシステムの管理 ✓ 統合によって連続的に増加したマネジメントシステム ✓ スコアカード測定法，システム及び改善とのよりよい連携 ✓ 改善プロジェクトの便益の明確化 ✓ 生産性改善の客観的証拠の提供 ✓ 資源の活用のしやすさ ✓ 驚異的な安全性の向上 ✓ プロセスにおける不良品の根本原因の探索の容易さ ✓ プロセスの是正処置の特定と，その後の有効性の監視，解消及び測定 ✓ 国防省の監査と品質計画のためのプロセスの透明性	❑ 組織のプロセスの複雑化 ❑ 統合システム監査のコストと順法コストを比較するものが何もないため，考慮されない． ❑ スタッフの抵抗，混乱，働く人々のパラダイムの破綻 ❑ プロセスの監視／監査のための訓練及び活動の回数の増加 ❑ 品質に精通している者や，安全衛生・環境に精通している者がいるからといって，部門の代表者が三つの規格の知見をもっているとは限らない． ❑ 環境・OHS に関する国内の法規制が複雑にさせた． ❑ 外部監査員の選択肢の制限，品質と EHS のアプローチに関する考え方の不一致，IMS の負担の大部分を負わなければならない品質 ❑ マネジメントシステム管理者の資格の向上 ❑ 非常に広範なシステムレビュー ❑ 異なる規格における類似の MSS 要求事項は異なる方法で監査された． ❑ 品質マネジメントシステム文書を改訂する必要がある． ❑ プロセスごとの手順の検索 ❑ 統合できるものの範囲を決める仕事が多かった（ギャップ分析）． ❑ すべてのシステムの要求事項に応える手順の構築 ❑ 事業プロセスを理解し，QMS の構築とその後の IMS の統合を審査できる認証機関の検索

Q22 統合のメリットは何ですか？

（回答率でランク付け）

1. 文書の削減
2. マネジメントレビュー，内部監査，情報管理等のプロセスの縮小及び標準化
3. 統合システム監査のコスト低減
4. 順法コストの低減
5. プロセス説明責任の改善
6. プロセスオーナーの監査負担の軽減
7. リスク軽減の改善
8. 共通の枠組みをもつ業務へのリスクと煩雑さの軽減
9. プロセスとの統合システム
10. 改善された拠点の有効性
11. プロセスを改善した類似の検証による，手直しなしでのサービス及び製品の受入れの増大
12. SOPs（業務標準手順書）を使用したIMS規格の作業及び責任による，簡素化した訓練の必要性と資料
13. より簡単な一つのシステムの管理
14. 統合によって連続的に増加したマネジメントシステム
15. スコアカード測定法，システム及び改善とのよりよい連携
16. 改善プロジェクトの便益の明確化
17. 生産性改善の客観的証拠の提供
18. 資源の活用のしやすさ
19. 驚異的な安全性の向上
20. プロセスにおける不良品の根本原因の探索の容易さ
21. プロセスの是正処置の特定と，その後の有効性の監視，解消及び測定
22. 国防省の監査と品質計画のためのプロセスの透明性

Q23 単一の ISO 又は非 ISOMSS から統合マネジメントシステムに移行する際に経験した課題は何ですか？

（回答率でランク付け）

1. 組織のプロセスの複雑化
2. 統合システム監査のコストと順法コストを比較するものが何もないため，考慮されない．
3. スタッフの抵抗，混乱，働く人々のパラダイムの破綻
4. プロセスの監視／監査のための訓練及び活動の回数の増加
5. 品質に精通している者や，安全衛生・環境に精通している者がいるからといって，部門の代表者が三つの規格の知見をもっているとは限らない．
6. 環境・OHS に関する国内の法規制が複雑にさせた．
7. 外部監査員の選択肢の制限，品質と EHS のアプローチに関する考え方の不一致，IMS の負担の大部分を負わなければならない品質
8. マネジメントシステム管理者の資格の向上
9. 非常に広範なシステムレビュー
10. 異なる規格における類似の MSS 要求事項は異なる方法で監査された．
11. 品質マネジメントシステム文書を改訂する必要がある．
12. プロセスごとの手順の検索
13. 統合できるものの範囲を決める仕事が多かった（ギャップ分析）．
14. すべてのシステムの要求事項に応える手順の構築
15. 事業プロセスを理解し，QMS の構築とその後の IMS の統合を審査できる認証機関の検索

Q24 組織のシステムを内部監査するアプローチは何ですか？

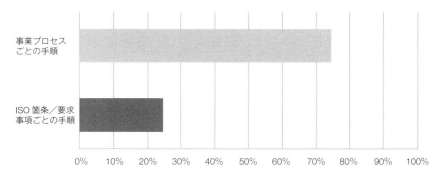

Q25 組織のシステムの顧客監査（二者監査）のアプローチは何ですか？

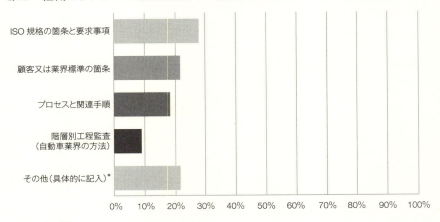

その他*
- 洗練された顧客は，当社の製品のリスク及び銀行との取引能力を明らかにするために，特注の監査チェックリストを開発している．
- 上記の最初の三つは，ある段階で適用される．
- いかなる顧客も監査を実施していない．
- このアプローチは，必要に応じて変化し得る．
  供給者の開発，是正処置要求書のフォローアップ，規格又は顧客要求事項の順守
- 当社のシステムを審査したいと望む方法を顧客が選択する．当社は，これに対して何か述べようとはしない．統合マネジメントシステム（言い換えれば，総合的な力量を基礎としたマネジメントシステム）への当社のアプローチは，少し独特なものである．

Q26 是正処置を持続させるうえで，根本的原因は図表に基づく証拠によって検証されていますか？

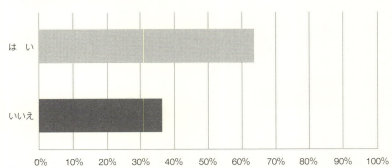

Q27 是正処置を持続させるうえで，原因は解明され，解決策は文書化されていますか？

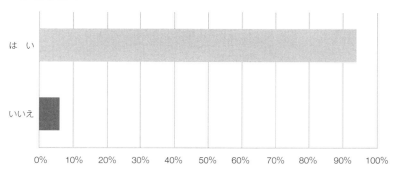

Q28 是正処置を持続させるうえで，最新文書が監査され，報告されていますか？

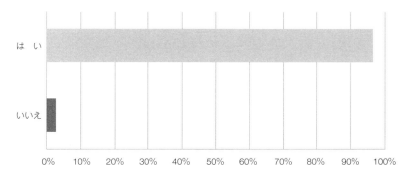

Q29. [a] リスクマネジメント—あなたはどうしていますか？

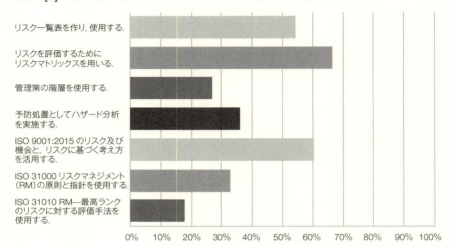

Q29. [b] 「リスクマネジメント―コメントの概要の関係図」

設計
- システムの故障モード影響解析(FMEA)へのシステムの図式化とエンジニアリング
- 計画と設計は、川下のリスク。危険源及び損失を減らず(防衛、鉄道、自動車分野の知識体系が役に立つ)。最高の管理計画 対応計画に関するリスクの透明性に関する指示 作業手順

プロセスとしてのリスク
- システム思考との連携 システム設計から製品設計 FMEA からプロセスへ プロセスの原因・影響分析をもつプロセス FMEA への流れ

プロセス
- プロセス FMEA のフローフロセス図へのインプット
- 重大度と発生率に焦点を当てた修正 PFMEA を使用してから、最高評価の"リスク"を管理するためのプロセス管理計画を使用した。

企業
- 全社的リスクプログラム・プログラム・ソフトウェア
- VM(目で見る経営)ボードと方針管理は事業への高度なリスクを含んでいる。
- 全社的リスクマネジメント (ERM)は高度なアプローチを用いて上位 25 のリスクを特定し、製造業は特定 PFMEA を用いる。

Q29 統合マネジメントシステム内で使用されるリスクマネジメント 戦略、ツール及び手法

提案プロセス
- リスクマネジメントのために、統合 HSEQ NCR/改善提案プロセスを開発した。

優れた学習文化
- 経営陣(COO,VP,HSEQ マネージャーなどを含む)は、それぞれの活動的な HSEQ NCR/IS を視察するために毎週集まる。
- 活動的な HSEQ NCR/IS は、解消に向けて段階的に進められる[NCR/IS, CAR, Tap Root (RCA), 最終的に学んだ教訓].
- FMEA の開発と同様に、組織横断的で、多階層でなければならない。
- 企業の学習文化の明確な表現に関するすべての属性

ISO 31010
- 防衛・自動車分野とそのマネジメント システム/仕様書から生まれた広範なリスクマネジメントツールと手法
- これには ISO 31010 を使用する。

リスクに基づく考え方
- IMS がプロセス内のリスク及び機会を特定するうえで役立つ(箇条 6.1 附属書 SL HLS)

ISO 31000
- リスクの評価と IMS のプロセス内への埋め込みを網羅するための有益な指針

- いくつかのツールを開発し、リスクの分析と評価、クラス分けに適応させた。

Q30 組織のマネジメントシステムを統合することで、どのような教訓や課題が見つかりましたか？

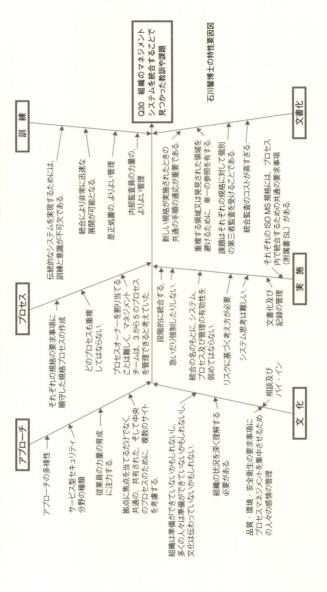

石川馨博士の特性要因図

Q31 組織はどのようなマネジメントシステムを構築していますか？

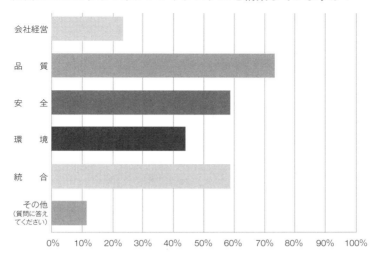

Q32 要求される ISO 又は非 ISO のマネジメントシステム規格，顧客供給者保証，業界又は規制基準を順守するように要求されている規格を列挙してください．

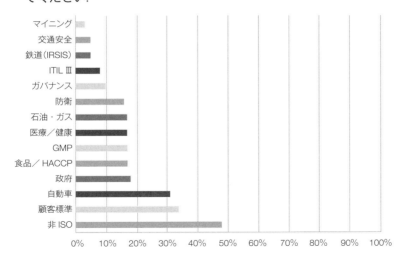

Q33 複数のマネジメントシステム規格を監査することができる主任審査員のいる認証機関を見つけるのは，難しいと思いましたか？

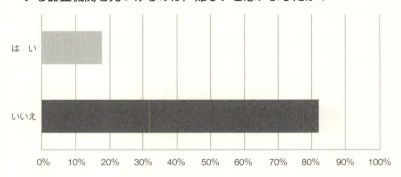

Q34 統合又は複数システム監査にかかった費用は高かったですか，低かったですか？

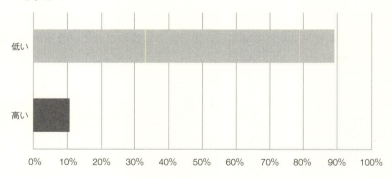

監訳を終えて

『ISO HANDBOOK Integrated Use of Management System Standards』は，ISO から 2018 年 11 月に第 2 版として出版されたが，この第 1 版の日本語版が，吉澤正先生（故人）の監訳によって，2008 年に日本規格協会から出版されている．第 1 版の概要は，"監訳にあたって"に述べたとおりであるが，この 10 年間の我が国における組織経営を取り巻く状況は，ますます "マネジメントシステム" の効果的な活用を必要としてきていると感じる．

ISO 9001 規格の普及は，世界的な認証制度の拡大によって，一時日本でも目を見張るものがあったが，昨今はその拡大は沈静化し，むしろ縮小気味といっていい．ISO/TC 176（品質マネジメント及び品質保証）のエキスパートを経験した者の視点からは，ISO マネジメントシステム規格そのものは非常によく練られて作られているが，組織の活用の仕方に認証を意識しすぎるという難点があるように思う．本ハンドブックは，そのような状況の組織に本来のマネジメントシステムの活用を促す良書である．

昨今の日本では，我が国を代表する優良と呼ばれる企業が品質問題を発生させ，社会的に波紋を広げている．それらの品質問題の中には，組織の製造工程，あるいは出荷検査において，意図的にデータを改ざんする，JIS に定められた規格（仕様）や検査方法，性能などを無視するというような，明らかな法律違反のケースまで見受けられる．

このような品質問題の背景には，組織の品質管理体制の弱体化があげられるが，本質的には生産工程（プロセス）で全品を良品にできない固有技術の問題である．しかし現実には，組織の生産工程は，作業の動作や設備の加工条件，材料の配合比など，無数のばらつきや変化により，すべての製品を良品とすることができない．したがって，できあがってしまった不良品の流出防止には管理技術が求められ，品質管理の重要性はここにある．

"品質は工程で造りこむ" という日常管理の概念が希薄になり，戦後，日本

で培われた総合的品質管理（TQM）活動が忘れ去られ，多くの組織で次のようなことが見られるようになった．

- 組織においては，プロセスの概念（横展開）が希薄で，部門部署（縦展開）内の指示命令によって仕事が行われている．
- プロセスが，個人，あるいはグループが管理できる規模（大きさ）にまで分解されていない．
- 標準が最新化されていない．
- 標準を守る活動が弱い．
- 以上のことを継続するマネジメントシステムが不在，あるいは弱い．

　組織は，工程（プロセス）での品質管理を地道に実施しても，ばらつきや変化を皆無にできないため，不良品を選別せざるを得ないのであるが，マネジメントシステムの弱さから不良品を流出させてしまっている．特に，経営層から売上げの確保，利益の増大を指示される（企業収益第一主義）と"不良品発生の現状"報告はしづらくなる．経営層が率先して"悪い情報を吸い上げる"工夫をしない限り，部下は上司を"忖度"して，悪い報告をしなくなる．その結果，徐々に次のようなことが起こる．

① 社長と現場とのコミュニケーションの欠如
② 現場のリソース（人員，資格者，設備など）不足
③ 育成・教育（法律教育，人材教育，倫理教育）の手抜き
④ 不都合なことに真正面から向き合わない仕事の仕方
⑤ コンプライアンス意識の希薄化
⑥ 企業創立時の理念，ビジョンの変質

　本ハンドブックで提案している"マネジメントシステム規格の統合"は，このような組織の現状を正すのに有効なツールとして機能する．

　パン屋のジム社長の意識改革と率先行動は，大企業にも必要であり，組織のパフォーマンス向上に効果的に働く．社長が品質への重要性を取締役会で言い続ければ，上記の①から⑥の現象は，それぞれ次のような対応となって現れる．

① 社長は，自ら現場へ出向き，現場の意見を聴き，実態を知る．

② 社長は，現場の実態を知ることから現場のリソース（人員，資格者，設備など）不足に手を打つ．

③ 担当役員は，法律教育，人材教育，倫理教育などを計画し，実践する．

④ 取締役は，不都合な情報こそあげろと部下に指示を出す．

⑤ 社長は，内部通報制度を促進し，コンプライアンス重視の風土を醸成する．

⑥ 社長は，企業創立時の理念，ビジョンを蘇らせ，必要に応じて修正する．

　日本はかつて，高度経済成長期に"Japan as No.1"（1980 年）と称賛されるまで，品質重視の経営を実践した．21 世紀に入り，我が国を取り巻く国際情勢は目まぐるしく変化してきているが，資源のない日本がこれからも世界に伍していくための基盤はやはり"ものづくり"であり，その中核に"品質"をおく戦略は不可欠である．本ハンドブックが提案している"すでにある組織のマネジメントシステム"に論理的に作られた ISO マネジメントシステム規格の要求事項を組織の実態に合わせて統合することが今求められている．

　監訳にあたっては，ISO 規格を JIS（日本産業規格）として翻訳するときに使われる用語を尊重しながら，本ハンドブックの意図が伝わるように，読みやすくわかりやすい日本語訳になるように心がけた．

　末筆ながら，本ハンドブックの翻訳とその出版に多大な労をとられた関係者と日本規格協会出版情報ユニット編集制作チームの室谷誠さん，山田雅之さん，福田優紀さんに感謝の意を表します．

　2019 年 9 月

株式会社テクノファ

平林　良人

監訳者略歴

平林　良人（ひらばやし　よしと）

　　1968 年　東北大学工学部機械工学科卒業
　　1987 年〜1992 年　セイコーエプソン英国工場取締役工場長
　　2002 年〜2011 年　東京大学大学院新領域創成科学研究科講師
　　2004 年〜2007 年　経済産業省新 JIS マーク制度委員会委員
　　2008 年〜2015 年　東京大学工学系研究科共同研究員
　　現　在　株式会社テクノファ取締役会長

　　ISO/TC 283（ISO 45001）日本代表エキスパート
　　ニチアス株式会社社外取締役

ISO ハンドブック
マネジメントシステム規格の統合利用 ［IUMSS］
定価：本体 5,500 円（税別）

2019 年 10 月 18 日　　　第 1 版第 1 刷発行

編 著 者　International Organization for Standardization
監 訳 者　平林　良人
発 行 者　揖斐　敏夫
発 行 所　一般財団法人　日本規格協会
　　　　　〒 108-0073　東京都港区三田 3 丁目 13-12　三田 MT ビル
　　　　　　　　　　　https://www.jsa.or.jp/
　　　　　　　　　　　振替　00160-2-195146
製　　作　日本規格協会ソリューションズ株式会社
印 刷 所　日本ハイコム株式会社
製作協力　有限会社カイ編集舎

© Yoshito Hirabayashi, 2019　　　　　　　　　Printed in Japan
ISBN978-4-542-40286-7

● 当会発行図書，海外規格のお求めは，下記をご利用ください．
　JSA Webdesk（オンライン注文）：https://webdesk.jsa.or.jp/
　通信販売：電話 (03)4231-8550　FAX (03)4231-8665
　書店販売：電話 (03)4231-8553　FAX (03)4231-8667

図 書 の ご 案 内

対訳 ISO 45001:2018
（JIS Q 45001:2018）
労働安全衛生マネジメントの
国際規格［ポケット版］

　　日本規格協会　編
　　新書判・334 ページ
　　定価：本体 6,800 円（税別）

ISO 45001:2018（JIS Q 45001:2018）
労働安全衛生
マネジメントシステム
要求事項の解説

　　中央労働災害防止協会　監修
　　平林良人　編著
　　A5 判・360 ページ
　　定価：本体 5,500 円（税別）

やさしい
ISO 45001（JIS Q 45001）
労働安全衛生
マネジメントシステム入門

　　平林良人　著
　　A5 判・140 ページ
　　定価：本体 1,600 円（税別）

日本規格協会　　　　　https://webdesk.jsa.or.jp/